ACADEMIA SCIENTIARVM GERMANICA
BEROLINENSIS

BIBLIOTHECA
SCRIPTORVM GRAECORVM ET ROMANORVM
TEVBNERIANA

EDITA CONSILIO ATQVE AVCTORITATE
INSTITVTI
GRAECOROMANAE ANTIQVITATIS
STVDIIS COLENDIS DESTINATI

LIPSIAE IN AEDIBVS B. G. TEVBNERI MCMLXIV

P. CORNELII TACITI

LIBRI QVI SVPERSVNT

ITERVM EDIDIT

ERICH KOESTERMANN

TOM. II · FASC. 2

GERMANIA · AGRICOLA
DIALOGVS DE ORATORIBVS

LIPSIAE IN AEDIBVS B. G. TEVBNERI MCMLXIV

BIBLIOTHECAE TEVBNERIANAE

HVIVS TEMPORIS

REDACTOR: JOHANNES IRMSCHER

HOC VOLVMEN IMPRIMENDVM

CVRAVIT BRVNO DOER

ES 7M

LIZ.-NR. 294 · 375/9/64

PRINTED IN THE DEMOCRATIC GERMAN REPVBLIC

LIPSIAE: TYPIS B. G. TEVBNERI (III/18/154) — 2268

PRAEFATIO

Taciti operum minorum memoria multa per saecula abolevit. Saeculo demum XV in Italia codex apparuit atque in publicum propositus est, qui illa scripta continuit, e quo omnes codices, qui hodie extant, exaratos esse constat. Hic codex celeberrimus e monasterio Hersfeldensi originem traxit. Primum de eo viri docti Italici a. 1425 certiores facti sunt, cum monachus quidam Hersfeldensis[1]) Romam venisset, ut Franciscum Poggium, secretarium papae, monasterio suo patronum acquireret. Hic viri doctissimi illustrissimique precibus vehementibus permotus Francisco inventarium codicum, qui in monasterio Hersfeldensi servati erant, misit. Quo de inventario Poggius Nicolaum Niccoli, amicum suum, haec docet: „inter ea volumina est Iulius Frontinus et aliqua opera Cornelii Taciti nobis ignota" (cf. Poggii Epist. I 168). Quibus de operibus actum sit, Antonii Panormitae epistula a. 1426 mense Aprili, ut videtur, ad Guarinum scripta demonstrat: „Compertus est Cor. Tacitus de origine et situ Germanorum. item eiusdem liber de vita Iulii Agricolae isque incipit: ‚Clarorum virorum facta' caeterave .... Et inventus est quidam dyalogus de oratore et est, ut coniectamus, Cor. Taciti, atque is ita incipit: ‚Saepe ex me requirunt' et caetera"[2]). Ex his verbis elucet in inventario illo auctorem Dialogi non esse nominatum. Sed fortasse monachus in scriptis enumerandis neglegenter egit aut subscriptionem codicis legere non potuit aut denique supervacuum esse putavit nomen eiusdem auctoris iterum afferre, postquam iam Germania atque Agricola antecesserunt. Utcumque res se habeat, Antonium non sine causa Tacitum auctorem esse coniectavisse manifestum esse videatur.

1) nomine Grebenstein, ut Ludovicus Pralle exploravit. De cuius opusculo, qu. dic. „Die Wiederentdeckung des Tacitus", Fuldae 1952, vide quid in Annalium praefatione, Lipsiae 1960, p. V adn. 1 disseruerim.

2) cf. R. Sabbadini, Epist. di Guarino I 519; Storia e critica di testi latini, Catania 1914, 267 sqq.

Annis deinde sequentibus et Franciscus Poggius et Nicolaus maximam dederunt operam, ut codicem Hersfeldensem in potestatem suam redigerent. Sed omnes eorum conatus in irritum ceciderunt, quamvis Nicolaus legatos duos papae in Germaniam visitandi causa missos adhortatus esset, ut in Hassiae monasterio supra nominato codicem percunctarentur, quem in commentario illis dato tali modo accuratius descripsit: „In monasterio hispildensi (i. e. Hersfeldensi) haud procul ab alpibus continentur haec opuscula. videlicet: ......

Cornelii taciti de origine et situ germanorum liber. incipit sic: ‚Germania omnis a gallis rhetiisque et pannoniis rheno et danubio fluminibus, a sarmatis datisque et mutuo metu a montibus separatur etc.‘ continet autem XII folia.

Cornelii taciti de vita Iulii agricole. incipit sic: ‚Clarorum virorum facta moresque posteris tradere antiquitus usitatum, ne nostris quidem temporibus, quamquam universa suorum etas omisit‘. qui liber continet XIIII folia. item in eodem codice Dialogus de oratoribus, qui incipit sic: ‚Sepe ex me requiris, iuste fabi, cur cum priora secula tot eminentium oratorum ingeniis gloria floruerint, nostra potissimum etas deserta et laude eloquentiae orbata‘. qui liber continet XVIII folia“[1]).

Nonnullis lustris post tandem codicem in manus virorum doctorum pervenisse comperimus[2]). Anno enim 1455 Pierius Candidus Decembrio codice ipso, ut puto, inspecto haec de eo scripsit: „Cornelii taciti liber reperitur Rome visus 1455 de Origine et situ Germanie. Incipit: ‚Germania omnis a Gallis retiisque et panoniis Rheno et danubio fluminibus a Sarmatis dacisque mutuo metu aut montibus seperatur. cetera occeanus ambit‘. Opus est foliorum XII in columnellis. Finit: ‚Cetera iam fabulosa

1) cf. de his instructionibus E. Jacobs, WklPh. 1913, 701; Sabbadini, Storia e critica 1914, 1 sqq. et 445; R. P. Robinson, ClPh. 1921, 251 sqq.

2) Eodem fere tempore alterum codicem nescio unde in Italiam venisse C. W. Mendell opinatur (cf. AJPh. 56, 1935, 1930–31); neque tamen id ad liquidum perducere potuit.

helusios et oxionas ora hominum vultusque corpora atque artus ferarum gerere. quod ego ut incompertum in medium relinquam'. utitur autem cornelius hoc vocabulo inscientia non Inscitia. Est alius liber eiusdem de vita Iulii agricole soceri sui. in quo continetur descriptio Britanie Insule, nec non populorum mores et ritus. Incipit: ‚Clarorum virorum facta moresque posteris tradere antiquitus usitatum, ne nostris quidem temporibus quamquam incuriosa suorum etas ommisit'. Opus foliorum decem et quattuor in columnellis. finit: ‚Nam multos veluti inglorios et ignobiles oblivio obruet, Agricola posteritati narratus et traditus superstes erit'.

Cornelii taciti dialogus de oratoribus incipit: ‚Sepe ex me requiris, iuste fabi, cur cum priora secula tot eminentium oratorum ingeniis gloriaque floruerint, nostra potissimum etas deserta et laude eloquentie orbata vix nomen ipsum oratoris retineat'. Opus foliorum XIIII in columnellis. post hec deficiunt sex folia. nam finit: ‚quam ingentibus verbis prosequuntur. Cum ad veros iudices ventum'. deinde sequitur: ‚rem cogitare, nihil abiectum nihil humile'. post hec sequuntur folia duo cum dimidio. et finit: ‚Cum adrisissent discessimus'. Suetonii tranquilli de grammaticis et rhetoribus liber ...."[1]).

Enochum Ascolanum, qui iussu pontificis Nicolai V. monasteria, quae in terris ad septentriones spectantibus sita erant, perlustravit, codicem Hersfeldensem invenisse et in Italiam deportavisse pro certo affirmare non audeo. Robinson[2]) et R. Till[3]) Enochum codicem possedisse prorsus negant[4]). Neque autem peioribus argumentis e contrario Lenchantin de Gubernatis[5]) atque J. Perret[6]) ad-

---

1) typis impressa apud R. P. Robinson, The Germania of Tacitus. A critical edition, Middletown, Connecticut 1935, p. 8sq.; ad rem cf. etiam R. Güngerich, Gnomon 13, 1937, 263.

2) cf. l. c. p. 351sqq.

3) cf. Handschriftliche Untersuchungen zu Tacitus Agricola und Germania, Berlin-Dahlem 1943, p. 6.

4) cf. etiam C. W. Mendell, AJPh. 56, 1935, 119sqq.

5) cf. Edit. Agricolae, Aug. Taurinorum 1949, p. V sq.

6) cf. Recherches sur le texte de la Germanie, Paris 1950, p. 135sqq.

notatione nisi, quae est in folio secundo averso codicis Leidensis Perizoniani (cf. p. XIV), Enochum notitiam codicis viris doctis accommodavisse sibi persuaserunt. Et re vera adnotandum est Enochum eodem anno ab itinere revertisse, quo Decembrio secundum testimonium ipsius codicem legere aut certe inspicere potuit.

Ceterum, quod maioris momenti est, Candidus Decembrio Tacitum auctorem etiam Dialogi esse commentario suo testatur. Equidem non dubito, quin illius testimonio plus fidei attribuendum sit quam indicio monachi haud ita docti, atque id eo minus, quod omnes codices ab Hersfeldensi derivati – Vindobonensi excepto, qui tamen in subscriptione quidem Tacitum nominat – in ea re cum Candido consentiunt. Neque autem negaverim virum doctum de lacuna, qua Dialogus in duas partes discissus est, falso iudicasse, cum illa in Hersfeldensi non sex folia, sed sex columnellas (cf. p. 103 App. crit. 8: *hic desunt sex pagellae* [i. e. columnellae] B in marg. ac similiter b et E; *hic est defectus unius folii cum dimidio* EV) amplexa sit[1]). E Nicolai enim indice discimus Dialogum XVIII folia continuisse, Candidus autem XVI folia et dimidium enumerat. Sed codicem, dum Hersfeldensi in monasterio iacebat, integrum fuisse, ut videtur, deinde autem mutilatum[2]) esse vehementer dolet. Inde etiam animo comprehendere possis, quomodo factum sit, ut e codice iam truncato et laeso quaternio, qui maiorem partem Agricolae continet, sine ulla difficultate evelleretur. Enochum autem, ut erat auri cupidus, eum fuisse, qui codicis

1) cf. K. Barwick, RhM. 68, 1913, 279sqq.; 638sq.

2) Si illae sex columnellae vetustate consumptae essent, ita ut litterae singulae non iam legi possent, folia autem omnia codicis extitissent, mirum esset P. Candidum Decembrio aut illum, cuius testimonio nisus est, omnino in errorem incidisse. Itaque potius puto — ut iam A. Gudeman suspicatus est, cuius tamen argumenta probari non possunt — unum certe folium Hersfeldensis nescio quo casu interisse, antequam in manus virorum doctorum pervenit, licet multi philologi id in dubium vocent (cf. K. Barwick, Ber. Sächs. Ak. Wiss., Phil.-hist. Kl. 101, 4, Berlin 1954, p. 37).

partes singulas plurimo vendiderit, fortasse concedendum est[1]).

Codex Hersfeldensis paulo post quam inventus est una cum tribus apographis, e quibus reliqui codices pendent, hominum oculis se subduxit. Sed mira felicitate illud frustum, quod Agricolam maiore ex parte continet, initio saeculi nostri a. 1902 denuo e tenebris noctis emersit et quidem pars codicis Aesinatis, quem Stefanum Guarnieri composuisse Caesar Annibaldi dilucide demonstravit[2]). Codex Aesinas membranaceus (photographice depictus apud Till in appendice libri citati) e foliis 76 constat, quae binis columnellis tricenarum paginarum haec opera continent: f. 1–51^{v} Dictys Ephemeris belli Troiani; f. 52^{r}–65^{v} Tac. Agr.; f. 66^{r}–75^{v} Tac. Germ.; f. 76 non est inscriptum. Hersfeldensis quaternio III folia 56^{r}–63^{v} (= Agr. 13, 1 *munia*–40, 2 *missum*) amplectitur. Initium et finem Agricolae atque Germaniam totam Stefanus manu sua scripsit.

Cum codex Toletanus 49, 2 sine ullo dubio Aesinatis apographon sit, a. 1474 a Michaële Grillo Tudertino exaratus[3]), Stefanum codicem inter annos 1455 et 1474 collocavisse apparet.

---

1) Aliter Perret l. c. p. 114—117, qui exemplar illud totum in bibliothecam Vaticanam pervenisse, partes autem ad Agricolam spectantes postea Stefano Guarnieri dono datas esse contendit. Nullo autem modo philologo Gallico quamvis sagacissimo assentiri queo p. 116 haec scribenti: „Tout s'explique . . . si l'on suppose que le contenue de Hf n'a été divulgué tout d'abord que par une copie dont l'auteur eût négligé l'Agricola, pour les raisons de moindre intérêt que nous suggérions plus haut. C'est cette copie contenant Germanie, Dialogue et Suétone qui serait à l'origine de toute notre tradition de ces ouvrages". Cur enim viri docti s. XV Agricolam contempserint atque respuerint, causa omnino non est intelligenda. E contrario initium ipsum opusculi nominati maxime idoneum erat ad studium excitandum omnium, quorum historiam Romanam accuratius cognoscere intererat.

2) cf. L'Agricola e la Germania di Cornelio Tacito nel MS. Latino N. 8 della Biblioteca del Conte G. Balleani in Jesi. Città di Castello 1907; La Germania di Cornelio Tacito, Lpz. 1910.

3) cf. Robinson p. 206 sqq.

Quaestionem, cur unus tantum quaternio Hersfeldensis Stefano codici constituendo praesto fuerit, R. Wünsch[1]) et G. Wissowa[2]) sagaciter expediverunt: Stefanus, quod quattuor primis foliis Agricolae, quae in Hersfeldensi retexendo dividendo soluta erant, uti non potuit, duodecim fere priora capita secundum ordinem veteris codicis denuo scribere coactus erat. Idem fecit in fine Agricolae. Unionem, qui antea cap. 40 sqq. continuit, detersum et abrasum in Germania manu scribenda adhibuit (f. 69 = Germ. 14, 1 *sua quoque* — 19, 1 *litterarum secreta*). Sed opportune evenit, quod in palimpsestis etiamnunc nonnullae lectiones veteris codicis quamvis aegre atque difficulter legi possunt.

Codicem Hersfeldensem saeculo IX inter annos 830 et 850, ut videtur, litteris minusculis, quae dicuntur, aetatis Carolingicae exaratum esse Paulus Lehmann (apud Till p. 11—13) ingeniose probavit. Eum illo tempore in monasterio sive Hersfeldensi sive Fuldensi scriptum esse verisimile esse videatur. Huic opinioni accedit, quod Rudolfus, presbyter Fuldensis, saeculo IX Taciti et Annalium partem priorem et Germaniam noverat et Germaniae capita 4 et 9 sqq. in libro, qui inscribitur Translatio Sancti Alexandri (cf. Mon. Germ. Hist. Scriptores t. II p. 675 Pertz), partim ad verbum citavit.

In Hersfeldensi corrigendo quattuor manus occupatas fuisse manifestum est, cum et scribarius ipse nonnulla emendaverit[3]) et corrector plurima atque Stefanus[4]) et alter vir doctus[5]) haud ita multa mutaverint vel addiderint. Sed maxime interest, qua ratione corrector officio suo functus sit. Et in textu verba persaepe mutavit (in vetere parte Aesinatis non minus centies octogies) et in margine multis locis novas lectiones a textu differentes adiecit. Sed maximum inter viros doctos certamen ortum

---

1) cf. BPhW. 1907, 1029 sq.
2) cf. Codex Leidensis Perizonianus phototypice editus, Lugduni Bat. 1907, p. 12 sqq.
3) cf. Till p. 32 sqq.
4) cf. Till p. 35 sqq.
5) sed ante Stefanum: cf. Till p. 37.

est, utrum corrector notiones illas suo ingenio excogitaverit an ex aliquo codice sive ex archetypo Hersfeldensis, quem litteris maiusculis, quae dicuntur, scriptura continua depictum esse omnes consentiunt, sive ex altero exemplari, quod eodem modo atque Hersfeldensis ex archetypo litteris minusculis exaratum erat, deprompserit. Priorem sententiam post Fridericum Kritz[1]) aliosque inprimis R. Till defendit[2]). Alteram rectam esse Lenchantin[3]), R. Güngerich[4]), Perret[5]) persuasum habent, quibus equidem assentior. Omnibus enim notionibus, quas corrector ille iam famosus in medium protulit, diligenter perpensis haec fere intelligi possunt:

1. Quin lectiones complures a correctore interpositae sint, quae coniectura inventae sunt, dubitari non potest. Ut exempla pauca afferam: 37, 3 *praebere* pro *praestare*, quod librarius habet in textu; 44, 5 *grande* pro *grave;* 45, 1 *villam* pro *arcem;* 45, 5 *comploratus* pro *compositus.* Neque tamen correctorem ipsum has aliasque coniecturas suo Marte excogitavisse concludendum est.

2. Manum secundam cum in textu corrigendo emendando[6]), qui mendis futilibus abundavit, tum in notis marginalibus proponendis saepe feliciter egisse nemo est qui neget. Cf. exempli gratia haec, quae margini adscripta sunt: 13,2 *praeceptum* pro *praecipue;* 19, 4 *exactionem* pro *auctionem;* 25, 1 *hostili exercitu* pro *hostilis exercitus,* 29, 4 *virens* pro *viris;* 33, 1 *munimentis* pro *monitis;* 34, 2 *et metuentium* pro *dementium;* 39, 1 *Domitiano moris* pro *Domitianus;* 42, 4 *in nullum re p̄ usum* pro *in ullum rei post usum;* 44, 4 *spetiosae contigerant* pro *spetiosae non contigerant.* Ex eis autem, quae in textum optime inseruit, haec eligere satis est: 16, 3 *[eo]que paenitentiae mitior;* 17, 2 *[subiit] sustinuitque molem;* 18, 6 *[pro]speritate rerum*

1) cf. Edit. Agr., Berolini 1859, praef. p. X.
3) cf. l. c. p. 29sqq.; 80sqq.
2) cf. Edit. Agr., praef. p. XIsqq.
4) cf. Gnomon 23, 1951, 44; 24, 1952, 141.
5) cf. Recherches sur le texte de la Germanie, p. 98sqq.
6) cf. Till p. 78sqq.

nuisse

.... *conti~~nuis~~ ~~si~~ne*; 20, 1 *~~sine~~* *⟨in⟩curia*; 28, 3 *per* *[in]scitiam*; 33, 5 *[pe]riculosissima*.

3. Eo magis admirandum est, quod aliae lectiones, quae correctoris propriae sunt, non modo falsae, sed etiam magna ex parte prorsus insulsae atque fatuae sunt: 19, 2 *[ne]scire;* 24, 3 *gente* pro *gentis;* 29, 1 *inlustrans* pro *in luctu;* 32, 3 *taetra mancipia* pro *aegra municipia;* 35, 3 *quo steteri* (?) pro *quo ceteri;* 36, 2 *foede recti trates. vel traces* pro *foedare et tratis* (recte *stratis*), ut videtur; 37, 4 *dimissis qui simulati* pro *dimissis equis, simul;* 44, 4 *uxoris* pro *uxore;* cf. denique 32, 2 ubi *circum* falso ante *trepidos* additum est, atque 25, 1 *vinum* pro *virium*, quo absurdius nihil dici potuit.

4. Ab altera parte iterum loci, quibus nomen aliquod mutare temptavit, auctorem eximiam scientiam et geographiae et nominum propriorum habere debuisse testantur, quam notitiam atque cognitionem correctori fuisse vix est credibile: 16, 1 *bouid | icta* pro *voadicca;* 14, 1 *togidumno* pro *Cogidumno;* 22, 1 *Taum* pro *Tanaum;* 38, 4 *trutulensem* pro *trucculensem*. Sed fortasse dixerit quispiam Britanniam patriam correctoris fuisse, qui insulae illius celeberrimae geographiam historiamque subtiliter noverit. At quo modo fieri potuit, ut vir doctus saeculi IX 45, 1 *Mitium* in *Mettium* ex suo ingenio corrigeret, ut hoc unum exemplum afferam?

5. Neque id silentio praeterire licet, quod in glossis correctoris marginalibus haud raro singulae verborum syllabae — non aliter atque in textu ipsius librarii! — omissae sunt: 34, 3 *bellandi* pro *rebellandi;* 38, 4 *lecto* pro *praelecta;* 44, 5 *hausit* pro *exhausit;* 46, 2 *temporibus* pro *temporalibus;* adicias etiam 22, 1 *telis* pro *castellis;* 15, 2 *ciere* pro *miscere;* 44, 2 *metus* pro *impetus*.

6. Denique magnopere mea quidem opinione refert pauca, quae ad orthographiam pertinent, viro docto certe esse assignanda, qui rem grammaticam ultra quam saeculo IX fieri solebat animo hausit atque didicit:

21, 2 *balnea* pro *balinea*[1]); 42, 4 *re* pro *rei*[2]); 18, 2 *in-*
h
coaturo[3]).

Sed si omnia, quae supra in medium protuli, diligenter respexeris, Rudolfi Till sententiam improbandam esse concedes. Ita enim notiones correctoris inter se differunt, cum partim eximiae sint atque ingeniosissimae, partim pravissimae, ut vix ex eiusdem hominis ingenio exortae esse possint. Itaque illum nisi omnia ita tamen plurima ex codice aliquo, quem ad manus habuit, recepisse concludere necesse est, sive ex eo libro, quo Hersfeldensis nisus est, sive ex altero, qui arta cognatione cum Hersfeldensi iunctus erat (cf. 25, 1 *vinum* pro *virium*!). Equidem contendere ausim lectiones geminatas ad exemplar quoddam criticum, ut ita dicam, esse referendas, in quo vir grammaticus menda, quae in textum irrepserant, tali modo correxit, ut verba auxilio optimi codicis vetustissimi emendata margini ascriberet. Quid autem obstat, quominus has adnotationes saeculis insequentibus iterum iterumque locum permutasse suspicemur, ita ut pars emendationum in textum perveniret, falsae autem notiones marginem dedecorarent? Neque enim ignoramus s. XV et XVI ita factum esse. Quin etiam Stefanum quoque Guarnieri in eis partibus Agricolae, quas sua manu scripsit, haud aliter egisse oculis nostris cognoscere possumus[4]). Eadem ratio eligendi intelligenda est, si notiones Vaticani 3429 (A) cum Hersfeldensi comparaveris[5]), neque dubium est, quin reliqui codices omnes pariter se gesserint[6]).

Postquam magna pars veteris codicis iterum in lucem rediit, codices eos, quibus antea viri docti in textu Agricolae constituendo usi sunt, minoris pretii factos esse

---

1) Till p. 53: cf. Caper 108, 7 *balneum et balneas, non balineum.*
2) cf. Till p. 72, 8.
3) cf. Fr. Buecheler, Kl. Schr. II, Berlin-Lpz. 1927, p. 274 sq.; Th. L. L. VII 1 p. 966 sq.
4) cf. Till p. 27.
5) cf. Till l. c.
6) de Germaniae lectionibus geminatis archetypo adnumerandis cf. Perret p. 45—73.

apparet. Sed eos cum Hersfeldensi comparando optime cognoscere possis, quomodo ei, qui codicem veterem s. XV sq. exscripserunt, exemplar illud clarissimum in usum suum convertere studuerint. Neque igitur lectiones codicum deteriorum exstinxi, sed eas quoque in apparatum criticum qui dicitur recepi. Sunt autem codices hi:

1. Codex Toletanus 49, 2 T (t Lenchantin, Edit. Agr., praef. p. XIII sq.), quem a. 1474 a Michaële Grillo exaratum esse supra memoravi. Continet f. 1–15^{v} Germ.; f. 16–36^{v} Agr.; f. 37–223 alia aliorum auctorum opera. Contulit O. Leuze eam partem codicis, quae Agricolam complectitur[1]), F. F. Abbott folia, quae ad Germaniam pertinent[2]). Toletanum omnino ex Aesinate pendere, quod Caesar Annibaldi gravissimis argumentis probavit, hodie omnes viri docti consentiunt praeter unum Guernerum Jaekel[3]), qui hanc opinionem frustra refellere conatus est. Quamquam Grillus non omnibus locis diligentiam, quam debuit, in Aesinate depingendo adhibuit et interdum etiam consilio ab textu, quem ante oculos habuit, abisse videtur.

2. Codex Vaticanus 3429 A (a Lenchantin l. c. p. XIV sq.) continet editionem Venetam Spirensem a. 1470 typis expressam, quae praeter Annalium partem posteriorem atque Historiarum reliquias Germaniam et Dialogum amplectitur. His additum est Agricolae apographum manu scriptum, quod ex sedecim foliis chartaceis constat. Id Pomponium Laetum, doctissimum virum, scripsisse Fulvius quidem Orsini primo in folio libri, quem ipse acquisiverat, testatur, sed ductus litterarum non esse Laeti videtur[4]). Ceterum lectionum archetypi marginalium plerasque notavit, sed ita, ut saepius eas textui insereret et vice versa verba, quae Hersfeldensis in textu habuit, margini ascriberet.

---

1) cf. Philol. Suppl. VIII, 1899/1901, p. 513–556.

2) cf. The Toledo Man. of the Germ. of Tac. The Decennial Publications of the Univ. of Chicago VI, 1903, p. 217–258.

3) cf. De Taciti Germaniae atque Agricolae codicibus Aesinate et Toletano, Diss. Berol. 1926.

4) cf. Till p. 26, 2.

3. Codex Vaticanus lat. 4498 B (b Lenchantin p. XV) membranaceus, fine s. XV exaratus. Continet praeter multa alia scripta f. 36–45 Sueton. de gramm. et rhet.; 63^{v}–77^{v} Agr.; 78–97 Dial.; 97^{v}–109 Germ. Multo peior est quam alter Vaticanus, ex quo eum descriptum esse maxime est verisimile. Mendis plurimis scatet, cum scribarius incuriosus et orthographiam neglexerit et saepe verba vel singulas syllabas omiserit neque raro ordinem verborum commutaverit. Sed interdum coniecturas offert, quae pretium quoddam habere videantur. Lectionem geminatam non nisi 19, 4 margini ascripsit, ubi *auctionem* legitur, quod Hersfeldensis in textu invenitur.

Cornelii Taciti De vita et moribus Iulii Agricolae liber. Ad codices Vaticanos in usum praelectionum edidit et recensuit Car. Ludovicus Urlichs, Wirceburgi 1875: editio digna est, quae etiam hodie — item atque ea Fr. Caroli Wex, Brunsvigae 1852 — cum honore nominetur. Neque autem Vaticani ad Toletanum propius accedunt, sed ab Hersfeldensi apographo aliquo interposito, quod deinde periit, pendent. Hoc apographum (non Vaticanum A) nescio an Pomponius Laetus scripserit, priusquam media pars Hersfeldensis in bibliothecam Aesinatem pervenit aut paulo post. Nam illa veteris codicis pars celeriter oblivione obruta esse videtur (cf. infra). Utrum autem Fulvius Orsini hoc apographum — alterum extitisse non credo — elucubrationibus suis[1]) adhibuerit an potius e suo ingenio textum nonnullis locis corrigere conatus sit, in incerto relinquam.

Quantopere pars Hersfeldensis ad Agricolam spectans e memoria hominum iam saeculo XV exeunte exciderit, id maximo est documento, quod ceteri codices, quos nondum memoravi, ad unum omnes illud opusculum Taciteum praetereunt, quamvis nequaquam numero pauci sint[2]). Inter hos codices tres familiae discerni possunt (cf. p. XXI), quae siglis XYZ notari solent. Sed earum hyparchetypa omnia tria interierunt, codices

1) cf. Lenchantin p. XV—XVIII.
2) cf. enumerationem codicum apud Robinson p. 270.

autem servati singuli modo plus modo minus lectionum secundae vel tertiae stirpis receperunt, ita contactu contaminati, ut saepe non nimis referat, cui familiae cognatione adiuncti sint[1]). Ceterum notiones archetypi geminatas — alius paucas alius plurimas — eodem vel simili modo sibi accommodasse videntur, atque id Stefanus Guarnieri in foliis manu sua scriptis fecit (cf. supra p. XI).

E codicibus Germaniae plus minus triginta eos tantum — deterioribus omissis — enumerare atque illustrare volo, qui textui constituendo usui sunt:

X=Bb 1. Codex Vaticanus Lat. 1862 B (V Robinson p. 88 et Lenchantin, Edit. Germ. p. VI), chart. saec. XV. Continet f. 1–13 Germ.; 13v–23 Suet. De gramm. et rhet.; 23v–43 Dial. Scribarius quamvis litteris parum eruditus textum hyparchetypi, quantum poterat, ad verbum depinxisse videtur. Contulerunt post Adolfum Michaëlis, Ludovicum Urlichs aliosque inprimis Georgius Andresen a. 1898 et F. F. Abbott a. 1903.

2. Codex Leidensis Perizonianus XVIII Q. 21 b (L Robinson p. 84 et Lenchantin l. c. p. VI sqq.), membr. saec. XV. Continet f. 2–30 Dial.; f. 31–47 Germ.; 47–59v Suet. De gramm. et rhet.[2]). Folio 2v hoc inscriptum est: „Hos libellos Iovianus Pontanus excripsit nuper adinventos et in lucem relatos ab Enoc Asculano quamquam satis mendosos. MCCCCLX martio mense". Sed iure dubitare possis, utrum re vera Pontanus codicem scripserit necne. Ductus enim litterarum, qui in Leidensi occurrit, nescio an non cum Pontano congruat. Potius profecto crediderim enuntiatum illud Pontani e fonte Leidensis iteratum esse. Res igitur haud aliter atque in Codice Vaticano 3429 se habere videntur (cf. p. XII).

Sed textum Perizoniani scribarius ipse multis locis correxit. Praeterea glossator quidam et Dialogo et parti Suetonii fragmentorum (usque ad fol. 50v) notas indicesque

---

1) cf. G. Andresen, Jbb. Phil. Ver., Berlin 41, 1915, 147.

2) cf. Cod. Leid. Periz. phototypice editus. Praefatus est Georgius Wissowa, Lugd. Bat. 1907 [Codices graeci et latini photographice depicti, Suppl. IV].

argumenti adscripsit. Nonnulla lector alius emendavit[1]). Multo autem maioris momenti sunt ea, quae corrector, quem siglo b² signare solemus, sane homo acutus neque insulsus, addidit. Cuius correctoris emendationes vel mutationes diversi generis sunt[2]):

Praeter id, quod in vitiis orthographicis diluendis effecit, textum lectionibus secundum consensum reliquorum codicum ditavit, quas nisi aliunde ex hyparchetypo X depromere potuit. Ut e Germania tantum exempla afferam: 12, 1 *flagitia* b² in margine: *supplicia* b; 20, 3 *maior* b²: *magis* b; 28, 4 *circa* b²: *citra* b; 31, 3 *cura* b²: *rura* b; 45, 6 *degenerant* b²: *degeneratur* b; 40, 2 *Aviones* b²: *Aniones* b; ib. *Nuitones* b² (*Nuithones* BYE): *Nurtones* b.

Aliae lectiones in eis saltem codicibus inveniuntur, qui ex stirpe Y vel Z derivati sunt: Germ. 2, 2 *Tuistonem* Cb² (*Tuisconem* E, *Bistonem* c): *Tristonem* X (*Tuisman* in marg. B); 2, 2 *herminones* cb²: *hermiones* XCE; 30, 2 *ratione* cb²: *romanae* X (*rõe* CE); 22, 1 *e somno* Yb²: *enim somno* XE; 25, 1 *et colono* Yb²: *ut colono* XE; 34, 2 *magnificum* Y et b² corr. ex *magnum*, ad quod antea in margine adscriptum erat *magn(ificum)*: *magnum* BE; 37, 2 *papirio* Yb²: *Sapirio* XE; 44, 2 *oceano* Yb²: *oc(c)eanum* XE; 6, 1 *in inmensum* YEb²: *inmensum* X; 6, 3 *quod* YEb²: *quidem* X; 10, 3 *illos* YEb²: *istos* X; 12, 2 *vindicatur* YEb²: *vindicavit* X; 25, 1 *ministeriis* YEb²: *ministris* X; 40, 2 *Nerthum* Yb² (*Nertum* E): *neithum* X; 45, 6 *gentes continuantur* YEb²: *gens continuatur* X; 46, 2 *peditum* YEb²: *pecudum* X. – Idem Dialogus indicat: 33, 6 *illud* cEb²: *istud* X, *id* C; 7, 4 *nomina* Yb²: *nō* X; 15, 3 *contentus* Yb²: *concentus* XE; 18, 6 *veniam* Yb²: *venias* X; 21, 6 *quia illos* Yb²: *qui istos* X; 29, 3 *invenies* Yb²: *invenires* X; 37, 3 *Metellos et* Yb²: *Metellos sed et* XE (*sed et* b in marg., quod del. b²); 37, 4 *causarum* Yb²: *curarum* X. – Sed correctorem, cum munere suo fungeretur, non codicibus stirpis Z, sed familia Y usum esse, ex eo concludere possis, quod E, ubi ab Y differt, cum Bb, non b² consentit.

---

1) cf. A. Schoenemann, De Taciti Germaniae codicibus capita duo, Diss. Halis Saxonum 1910, p. 39.
2) cf. Schoenemann l. c. p. 40–73.

Deinde etiam adnotandi sunt ei loci, quibus corrector contra auctoritatem ceterorum codicum cum deteriore aliquo codice propemodum consentit: Germ. 20, 3 *quo* in litura b², *quanto* Cod. Urb. 412 in marg.: *tanto* BYE; 28, 3 *osis* b² in marg., *ab Osis* Urb. 412: *a Boiis* XY, *a Bois* E; Dial. 14, 2 *ex ortatus* b², *exhortatus* cod. Urb. 1194: *et hortatus* BYE, *et ortatus* b.

Denique lectiones plurimae et in Germania et inprimis in Dialogo b² assignandae sunt, quae aut ex nescio quo apographo deperdito originem traxerunt aut ex ingenio ipsius correctoris exortae esse videntur. Ex Dialogo exempla haec in medium proferam: 6, 2 *administrationi* b²: *administrationis* XY; 10, 7 *hinc* b²: *hic* XY; 11, 2 *nominis* b²: *numinis* XY; 21, 4 [*regulae*] b²: *regulae* XC, *illae* c, *ille* E; 25, 3 *iure* b²: *si vere* XY; 25, 4 *ferunt* b² (inde ⟨*prae se*⟩ *ferunt* Andr.): *serunt* XY; 28, 3 *de* b²: *a* XY. 8, 2 v. 23 recte b² lacunam in marg. notavit, item 10, 1, ubi reliqui codices *omnes* habent, quod omisit b! Neque autem semper fortuna inceptis correctoris favit, sed eum saepius errore lapsum esse confitendum est: 5, 6 *perfugio* YE: *profugio* X, *praesidio* b²; 5, 6 *increpuit* XcE: *increpuerit* C, *irrepat* b²; 8, 3 *angustiae rerum* Lips.: *angustia ereptum* XYE, *angustia parentum* b²; 8, 2 *ipsa eloquentia* falso del. b²; et multa alia huius generis adicere possis. Sed cave, ne temere credas omnes has coniecturas esse nostri correctoris. Si enim exempli gratia legimus eum Germ. 39, 2 *parentia* in *patentia* mutasse, obliviscendum non est etiam manum secundam Hersfeldensis Agr. 30, 3 *paret*, quod prima manus scribit, in *patet* correxisse. Multa igitur ex apographo aliquo — praecipue e margine eius — defluxisse veri similius est. Nam et geminatas lectiones, quae in reliquis codicibus extant, in b autem exciderunt, b² hic illic supplevit. Accedit, quod crebro — sexies decies — cum Puteolani editione a. 1475 convenit[1]). Utrumque autem ex eodem exemplari, quod ceteris apographis Hersfeldensis praestitit, hausisse, sed b² plus quam Puteo-

1) cf. Schoenemann l. c. p. 64; Lenchantin, Edit. Germ. p. VIII; Dial. p. VIII.

lanum, equidem, quamvis pro certo affirmare non possim, cum Maximo Lenchantin existimo. Neque tamen silentio praeterire licet alios viros doctos persuasum habere Puteolani editionem correctori ad manus fuisse[1]).

Codex Leidensis quin praecipuum locum obtineat inter eos quidem codices, qui extant, dubium non esse potest. Sed primus eum collegit Ludovicus Tross, qui Germaniam et Dialogum „ad fidem codicis Perizoniani, numquam adhuc collati“ edidit Hammone 1841.

3. Codex Vaticanus 1518 **C** (I Robinson p. 83, i Lenchantin p. VIII), membr. saec. XV. Continet praeter alia opera f. 166^v–173^v Suet. De gramm. et rhet.; 173^v–189 dupl. Dial.; 189 dupl. – 198^v Germ. Quamquam codex non parvi aestimandus est, tamen librarium, qua erat inscientia litterarum, non modo crebris locis gravissima vitia orthographica inculcasse, sed etiam contextum verborum saepe corrupisse constat. Contulerunt codicem post Gabr. Brotier (a. 1771), Adolfum Michaëlis aliosque G. Andresen a. 1898 et F. F. Abbott a. 1903. Y=Cc

4. Codex Farnesianus sive Neapolitanus IV C 21 **c** (N Robinson p. 85, n Lenchantin), membr. saec. XV. Continet Taciti Ann. 11–16, Hist. I–V (= Ann. 17–21), Dial., Germ., Suet. de gramm. et rhet. Contulit post J. J. Lipsium aliosque accuratissime G. Andresen a. 1898.

Hunc codicem omnibus reliquis anteponendum esse Lipsius iudicavit, et multi viri docti ei assensi sunt. Habet re vera Neapolitanus copiam haud exiguam lectionum praestantissimarum. Ut pauca quidem exempla afferam: Germ. 2, 2 *herminones* **cb**^{2}: *hermiones* **XCE**; 3, 1 *baritum* **c**^{2} et **E** in marg.: *barditum*; 11, 1 *praetractentur* **c** et corr. **C**: *pertractentur* **XCE**; 11, 2 *tum* **c**: *cum* **C**, *tamen* **X̧E**, *tantum* in marg. **E**; 36, 2 *tracti* **c**: *tacti* **XCE**; 45, 5 *radiis* **c**: *radius* **XCE**; adde Dial. 20, 5 *exigitur* Lips.: $\overset{\textit{exercetur}}{\textit{exigetur}}$ **c**, $\overset{\textit{e}}{\textit{exercitur}}$ **B**, *exercetur* **bCE**. Saepe etiam ante Aesinatem inventum contra auctoritatem ceterorum codicum solus

1) cf. Schoenemann p. 73.

rectam lectionem reddidit. Neque tamen praetereundum est inveniri in Neapolitano etiam lectiones plurimas, quae nullo modo probari possunt. Neque igitur mihi quidem maioris pretii quam b esse videtur.

Codices Vindobonensem, Monacensem, Hummelianum „pendere e genere cC et propius quidem accedere ad codicis c lectiones" Riccardum Wünsch[1]) recte iudicasse persuasum habeo, quamvis R. P. Robinson prorsus alienam sententiam defenderit atque J. J. Marouzeau[2]), J. G. C. Anderson[3]), J. Perret[4]) aliique viri doctissimi vestigia eius presserint. Optime autem de quaestionis huius infinitae difficultatibus expediendis explicandis meritus est Rudolfus Güngerich, qui Robinson maximos in errores incidisse omnibus rerum peritis ad oculos demonstravit[5]). Idem affirmaverunt C. W. Mendell[6]), E. Koestermann[7]), Lenchantin[8]). Neque autem Robinson quamvis summa industria, quae maxime digna est admiratione, adhibita probare potuit Vindobonensem, quem plurimi aestimavit atque una cum Hummeliano, Monacensi aliisque codicibus deterioribus traditioni cunctae ceterorum codicum opposuit, proprias lectiones afferre rectas, quas in textum recipi oportet, si fortasse unam excipias: Germ. 38, 2 *rei ligant* Vind., *religant* Humm. Monac. (*religatur* XE, *ligant* Y), neque ab altera parte codicem suum mendis vitiisque carere eis, quae nondum in Hersfeldensi extiterant, sed postea ex apographis X vel Y vel Z in codices irrepserunt. Quodsi multas lectiones cum veras atque rectas tum falsas et plane absurdas per contaminationem, ut ita dicam, e Vindobonensi in codices stirpis Y defluxisse contendit,

---

1) cf. De Taciti Germaniae codicibus Germanicis, Diss. Marpurgi Chattorum 1893, p. 78.
2) cf. REL. 14, 1936, 437sq.
3) cf. Edit. Germ., Oxonii 1938.
4) cf. Recherches sur le texte de la Germanie, p. V.
5) cf. Gnomon 13, 1937, 257sqq.; 18, 1942, 170sqq.; 23, 1951, 43sqq.; 24, 1952, 139sqq.
6) cf. AJPh. 57, 1936, 473sqq.
7) cf. Burs. Jbb. 282, 1944, 138sq.
8) cf. Edit. Germ. p. XVIIsqq.

quis est qui tantam audaciam concludendi tolerare possit?

Sed pauca de tribus supra nominatis codicibus addere velim:

5. Codex Vindobonensis ser. nov. 2960 (olim 711 ante a. 1947) V (W Robinson p. 89), chart. a. 1466 scriptus. Continet Vol. I f. 200–211^v Germ.; 212–230^v Dial.; 231 – 239 Suet. De gramm. et rhet. De eo codice egerunt Joh. Hümer[1]), Ed. Philipp[2]), Robinson p. 153–157, qui codicem a. 1926 inspexit. Collegerunt Joh. Hümer a. 1878 et H. Schefczik a. 1886.

6. Codex Hummelianus (h Robinson p. 81–83), hodie deperditus. Lectiones eius elegit et typis excudendas curavit Bernh. Fridericus Hummel a. 1776. Has collationes una cum illis, quas iam a. 1509 Paulus Dan. Longolius et a. 1830 Christianus Fr. G. C. Selling fecerunt, R. Wünsch promulgavit[3]). Codicem autem ipsum argumentis acerrimis nisus sagaciter restituere conatus est Robinson p. 162–177.

7. Codex Monacensis Lat. 5307 (m Robinson p. 85). Continet f. 153–168 Germ. Collegerunt H. F. Massmann a. 1847, Alfr. Holder a. 1878, R. Wünsch[4]). Egit autem de eo accuratius Robinson p. 157–162.

8. Codex Aesinas E (E Robinson p. 14–30, ε Lenchantin Edit. Germ. p. X–XIII). Cum Stefanum Guarnieri initium et finem Agricolae (f. 52–55 et 64sq.) sua manu ad fidem Hersfeldensis accuratissime descripsisse perspicuum sit, quaerendum est, utrum ei etiam Germaniae depingendae vetus ille codex praesto fuerit necne. Sed bene et composite de ea re Rud. Till disseruit[5]). Caesare Annibaldi refutato argute docuit Stefanum, cum Germaniam scriberet, Hersfeldensem manibus non tenuisse, sed ex apographo aliquo interposito hausisse. Profecto Z=E

1) cf. Ztschr. f. d. österr. Gymn. 29, 1878, 801—813.
2) cf. WSt. 11, 1889, 288—290.
3) cf. De Taciti Germ. codicibus Germanicis, p. 7—23.
4) cf. l. c. p. 80.
5) cf. l. c. p. 100—103.

autem ea, quae antea R. Wünsch[1]) aliique notaverant, vix ad talem sententiam probandam idonea erant. Neque enim refert Stefanum, hominem sane maxime parcum, ad Germaniam scribendam decem tantum foliis usum esse, cum opusculum illud in Hersfeldensi secundum testimonium P. Candidi Decembrio foliis duodecim contineretur, neque eum Germaniam ordine Hersfeldensis neglecto post Agricolam collocavisse. Titulum quoque in Aesinate ab Hersfeldensi differre (*De origine et situ Germaniae* Hersf. secundum P. Candidum: *De origine et moribus Germanorum* E [cf. Germ. 27, 2]) minoris momenti est, cum Stefanus, quamvis de cetero scribarius scrupulosissimus fuerit, etiam in fine Agricolae titulum operis mutaverit. At multo maioris ponderis est Aesinatem in textu Germaniae reddendo haud pauca omisisse, quae ab Hersfeldensi tradita esse reliquorum codicum consensus testatur[2]). Praeterea Aesinas multis corruptelis depravatus est, quae in familiis **XY** non inveniuntur[3]). Recte etiam Till p. 102 argumentatus esse videtur in Aesinate Germ. 45, 5 unam paginam hyparchetypi totam excidisse

> . . . . *ita occidentis in*
> *sulis* [*terrisque inesse crediderim quae vicini*
> *solis*] *radius* (pro *radiis*) *expressa*

atque hanc paginam verba plura esse amplexam, quam de Hersfeldensis paginis singulis suspicari licet. Denique Till Germ. 37,2 in cognitionem vocat: *consulatum*] *Con. tum* B, *conventum* E (cf. 31,1 *consensum*] *conventum* E)[4]). Stefanum compendium litterarum falso solvisse atque expedivisse apparet, quod compendium saepe in codicibus posteriorum temporum inveniri potest, nusquam autem in Hersfeldensi legitur[5]).

Eidem familiae **Z** adnumerandi sunt (cf. Robinson p. 203—211) praeter Toletanum nonnulli codices minores

1) cf. BPhW. 1907, 1029sq.
2) cf. Till p. 101 = Lenchantin Edit. Germ. p. XII.
3) cf. Till p. 101sq. = Lenchantin, p. XIIsq.
4) idem vitium occurrit Dial. 13, 1: *consulatus* c Ottob.] *conventus* C; *cent'* B, *coetus* b.
5) cf. Robinson p. 357sq.

ut Ottobonianus Lat. 1795 (**c** Robinson p. 85sq.), Ariminensis bibl. Gambalunghianae IV D 112, a. 1476 scriptus (**r** Robinson p. 86sq.), Vaticanus Lat. 2964 (**v** Robinson p. 88sq.) editio Norimbergensis a. 1473 (**k** Robinson p. 83). Quamquam hi omnes adhuc obiter inspecti neque collationibus satis cogniti sunt. Sed inter eos Aesinas sine dubio excellit[1]). Nam Stefanum etiam Germaniam ex hyparchetypo suo summa diligentia descripsisse manifestum est. Geminatas quoque lectiones in textum recepit plures quam reliqui codices: cf. 11, 2 *tantum*, 34, 2 *illis*, 38, 2 *sicut*; 39, 1 *statuto*, 45, 1 *eorum*. Quas omnes lectiones reliqui codices ut viles spreverunt.

Tria apographa codicis Hersfeldensis extitisse ex eo elucet, quod semper fere, cum binae familiae lectionem eandem communem afferunt, tertia autem diversam, illae rectum tradidisse videntur (cf. Schoenemann l. c. p. 4—10), si hos locos excipias: Germ. 5, 3 *affectione* **Y**: *affectatione* **XE**; 22, 1 *e somno* **Yb**²: *enim somno* **XE**; 25, 1 *et servus* **Yb**²: *ut servus* **XE**; 34, 2 *magnificum* **Y** et **b**² corr. ex *magnum*, ad quod antea in marg. adscriptum erat *magn(ificum)*: *magnum* **BE**; 37, 1 *sinum* **Y**: *situm* **XE**; 37, 2 *papirio* **Yb**²: *Sapirio* **XE**; 38, 1 *quamquam* **Y**: *quam* **BE**, *quamvis* corr. ex *quam* **b**; 41, 1 *passim et* **Y**: *passim* **XE**; 44, 2 *ipso* **Y**: *ipse* **B**, *ipsae* **bE** | *occeano* **Y b**²: *oc(c)eanum* **XE**. — 46, 2 *figunt* **X**: *fingunt* **YE**; 46, 4 *vultusque corpora* **X**: *vultusque et corpora* **YE**. — 13, 3 *et electorum* **E**: *electorum* **XY**.

Quin familiae **XE** tam arta affinitate coniunctae sint, ut eas ex eodem hyparchetypo β ortas esse negare non liceat, ut Robinson non sine acumine ingenii contendit[2]), equidem dubito. Saepissime enim **XY** vel **YE** contra ceterorum codicum fidem verum indicant[3]), quod fieri non potuit, nisi unaquaeque stirps e proprio quodam apographo derivata esset. Quare quodsi, ut supra demonstratum est, **Y** decem omnino locis contra auctoritatem familiarum **XE** propius ad veritatem accedit, causa non est,

1) cf. Till p. 103, 1.
2) cf. p. 190—211.
3) cf. Schoenemann p. 8.

cur sententiam viri doctissimi sequamur, cum ea res alio modo facilius declarari possit[1]).

Restat, ut pauca de Dialogo addam. Familiae XY in hoc quoque Taciti opusculo eundem locum atque in Germania obtinent (de differentiis earum cf. Lenchantin Edit. Dial. p. X sq.). Accedunt Codex Vaticanus 4498 *Δ* (*δ* Lenchantin p. IX), iam ex Agricola nobis notus (cf. p. XIII), qui stirpi Y adnumerandus est, et Urbinatis 1194 U (u Lenchantin), e quibus hic illic paucae lectiones adnotandae sunt. Maius pondus habet Codex Ottobonianus 1455 E, chart. saec. XV, qui praeter alia scripta Dialogum et Suet. De gramm. et rhet. continet. Ei codici simillimus est Vindobonensis ser. nov. 2960 (olim 711) V (v Lenchantin), de quo vide, quod p. XVIII sq. exposui. Neque autem Codex Venetus Marcianus ecl. XIV1 mss. Lat. colloc. 4266, a. 1464 scriptus (cf. Robinson p. 85), cui J. Perret item atque Vindobonensi favet[2]), dignus est, quem respicias, cum nusquam lectiones cuiusdam pretii proprias afferat his duobus locis fortasse exceptis: 31, 8 *pleraeque* Marc. b^2: *plerumque*; 35, 3 *reverentiae scilicet* Marc. (ita etiam Acid.): *reverentiae sed*[3]).

Ottobonianum et Vindobonensem tertiam familiam efficere Alfredus Gudeman sibi persuasit[4]). Eius sententia a Maximo Lenchantin (cf. l. c. p. XI sqq.) reiecta est, recte, ut mihi quidem videtur. Ne loci quidem ei, quos K. Barwick attulit[5]), aliud probant nisi id, quod codicum E et V communis fons, qui ex Y originem traxit, aliquot lacunis mutilatus fuit: Dial. 2, 1 *arcanae semotae dictionis* XY: *archana . . . . ditionis* E, *archana eruditionis* V, qui ea, quae deerant, suo Marte supplevit; item 1, 3 *diversas vel easdem sed* XY: *diversas . . . . dem sed* E, *diversas quidem sed* V. Sed E, codice Leidensi vel ipso Pontani apographo

---

1) cf. R. Güngerich, Gnomon 13, 1937, 261 sq.
2) cf. REL. 1950, 375.
3) cf. Ed. Philipp, WSt. 26, 1904, 301.
4) cf. Edit. Dial., Lips.-Berol. ^{2}1914, p. 132 sqq.
5) cf. Der Dialogus de oratoribus des Tacitus, Sitz.Ber.Sächs. Ak. 101, 4, Berlin 1954, p. 34.

ut videtur inspecto, nonnullos locos corruptos correxisse Barwick optime cognovit atque intellexit[1]): cf. Dial. 5, 5 *factaque* bE: *fataque* BY; 16, 2 *si istud* b, *^{si}illud* E: *istud* B, *illud* Y; 17, 1 *Menenium* b et E in marg.: *me nimium* BYE; 19, 3 *videretur* b, *vide^{re}tur* E: *videtur* BY; 30, 3 *notitia* corr. bE ex *notitiam*: *notitiam* BY.

Sed hactenus de codicibus. Antequam autem argumentandi finem facio, necesse est moneam, ne obliviscamur nostra esse praecipue in textu constituendo eruere explanare intelligere, quid Tacitus ipse scripserit. Qua in re plus praestat scientia atque cognitio stili Tacitei idque quod germanice verbis „innere Kritik" significare solemus, i. e. ratio et contextus rerum, quam scrupulosissima examinatio codicum, qui omnes ad idem exemplar redeunt neque raro, quamvis inter se consentiant, prorsus a veritate abhorrent. Itaque mihi quidem, ut res se habent, magis necessarium esse videtur editores in Tacito iterum iterumque legendo tempus atque labores consumere quam in codicibus deterioribus innumeris haud segniter perlustrandis, qui nullo modo apti atque idonei sint ad scriptorem melius cognoscendum.

Kiliae Kal. Iul. a. MCMLVI Erich Koestermann

Praeter id quod conspectum librorum ditavi imprimis operam dedi, ut apparatum criticum qu. d. Agricolae opusculi meliorem in ordinem redigerem atque nonnullas notiones correctoris, quas antea omiseram, codice Aesinensi photographice depicto fultus supplerem.

At quamvis mihi minime persuasissem omnes locos corruptos iam sanatos esse, tamen nihil in textu scriptorum Taciti minorum mutavi. Neque enim viri docti his quattuor annis coniecturas ullius momenti novas proposuerunt neque ipse – maioribus aliis operibus occupatus – quicquam excogitavi, quod re vera textui constituendo usui esset aut omnino probari posset.

Kiliae Kal. Iul. a. MCMLX E. K.

1) cf. l. c. p. 38sq.

PRAEFATIO

Exspectatione celerius denuo editio operum minorum instituenda est. Sed quamquam etiam his proximis annis, ut e conspectu librorum amplificato elucet, viri docti haud minorem operam dederunt, ut scientiam nostram augerent, tamen nihil inveni, quod me cogeret a sententia anno MCMLVI prolata abscedere. Etiam textum ipsum duobus tantum locis mutavi. scripsi enim Dial. 8, 1, H. Wagenvoort secutus, *non minoris* ⟨*nominis*⟩ *esse* atque Germ. 42, 2 – etsi dubitanter – *valet*, ut Bailey coniecit.

Kiliae Kal. Iul. a. MCMLXIII E. K.

CONSPECTVS LIBRORVM

1. Taciti operum minorum

EDITIONES PRIORES SELECTAE

(de editionibus, quae omnia Taciti opera continent, cf. Annalium editionem Teubnerianam, Lps. 1960, p. XXVII—XXX; de Germaniae editionibus cf. etiam R. P. Robinson [v. infra] p. 360—379)

Accedunt commentarii, qui singula scripta Taciti tota tractant.

Altenburg, Fr. W., C. Cornelii Taciti de situ, moribus et populis Germaniae libellus, Hildburghausen 1825.

Ammon, G., Germania von Cornelius Tacitus, Übersetzung mit Einleitung und Erläuterungen, Bamberg ²1927.

Andresen, G., C. Taciti Dialogus de oratoribus. Für den Schulgebrauch erklärt, Lpz. 1872; ⁴1918.
Corn. Taciti de vita et moribus Iulii Agricolae liber. Ad fidem codicum Vaticanorum recensuit atque interpretatus est, Berolini 1880.

Annibaldi, Cesare, L'Agricola e la Germania di Corn. Tacito nel MS. latino n. 8 della Biblioteca del Conte G. Balleani in Jesi, Città di Castello 1907.
La Germania di Corn. Tacito nel MS. latino n. 8 *etc.*, Lpz. 1910.
Cornelii Taciti de origine et situ Germanorum liber. Ad fidem praecipue codicis Aesini rec., praefatus est. Appendicem adiecit C. Pascal, Augustae Taurinorum ²1937 (Corp. script. Lat. Paravian. 2).
De vita Iulii Agricolae liber. Acc. de Tacito testimonia vetera a C. Pascal conlecta, Aug. Taur. 1935 (Corp. script. Lat. Par. 7).

Baehrens, Aem., Corn. Taciti Dialogum de orat. recogn., Lipsiae 1881.

Baumstark, Anton, Ausführliche Erläuterung des allg. T. der Germ. des Tacitus, Lpz. 1875.
Ausf. Erläuterung des besondern völkerschaftlichen T. der Germ. des Tac., Lpz. 1880.

Cluverius, Phil., Germaniae antiquae libri tres ..., Lugduni Batavorum 1616.

Dilthey, Jul. Fr. Karl, C. Corn. Taciti de situ moribus et populis Germaniae libellus. Vollständig erläutert, Braunschweig 1823.
Draeger, A., Das Leben des Agricola von Tacitus. 6. Aufl. bearb. von W. Heraeus, Lpz. 1905.

Furneaux, H., Cornelii Taciti opera minora recognovit brevique adnotatione critica instruxit, Oxonii 1900; iterum recensuit J. G. C. Anderson, ib. ²1931, ³1939.
Corn. Taciti de vita Agricolae, edited by H. Furneaux. Second edition revised and largely rewritten by J. G. C. Anderson, Oxford 1922.

Gerlach, Fr. Dorotheus, C. Corn. Taciti Germania. Ad optimorum codicum fidem emendavit notis criticis ... instruxit, Basileae 1835.
Gruber, Joh. von, Taciti Germania seu de situ, moribus et populis Germaniae libellus, herausgeg. und erl., Berlin 1832.
Gudeman, Alfr., P. Cornelii Taciti Dialogus de oratoribus, mit Prolegomena, Text und Adnotatio crit., Lpz.-Berlin² 1914.
P. Corn. Taciti de Germania, erkl., Berlin 1916.
Tacitus de vita Iulii Agricolae and de Germania with introduct. notes *etc.*, Boston-New York-Chicago 1928; revised edit., Boston 1950.

Haupt, Mauricius, Cornelii Taciti Germania in usum scholarum recognita, Berolini 1855. — *v. etiam* Kritz *et* Müllenhoff.
Hirschfelder, Guil., Corn. Taciti de situ ac populis Germaniae liber Friderici Kritzii . . annotatione illustratus, Berolini ⁴1878.
Holder, Alfr., Cornelii Taciti de origine et situ Germanorum liber, recensuit, Lipsiae 1878.
Holtzmann, Adolf, Germ. Alterthümer, mit Text, Übersetzung und Erklärung von Tacitus Germania, herausg., Lpz. 1873.

John, C., P. Corn. Tacitus Dialogus de oratoribus, erkl., Berlin 1899.

Kiessling, Gottl., C. Corn. Taciti de situ, moribus et populis Germaniae libellus. Commentariis instruxit Theophilus Kiesslingius, Lipsiae 1832.
Kritz, Frider., P. Corn. Taciti Germania. Ex Hauptii rec. et perpetua annotatione illustravit, Berolini ³1869.

Massmann, H. F., Die Germania des C. Corn. Tacitus. Mit den Lesarten sämtlicher Handschriften und geschichtlichen Untersuchungen über diese und das Buch selbst, Quedlinburg — Lpz. 1847.
Michaelis, Adolf., Corn. Taciti dialogus de oratoribus. Ad codices denuo conlatos recognovit, Lipsiae 1868.

Müllenhoff, C., Germania antiqua. Corn. Taciti libellum post Mauricium Hauptium . . . edidit, Berolini 1873.
Deutsche Altertumskunde, Vol. IV. Die Germania des Tacitus erläutert. Neuer vermehrter Abdruck besorgt von M. Roediger, Berlin 1920.

Orelli, J. C., P. Corn. Taciti Dialogum de oratoribus in usum scholarum ed., Turici 1846.

Passow, Franc., C. Corn. Taciti equitis Romani Germania. Recensuit, varietate lectionis instruxit, annotationemque G. G. Bredovii integram addidit, Vratislaviae 1817.
Peter, C., Corn. Taciti Dialogus de oratoribus. Erkl. und kritische Schulausgabe, Jena 1877.
Peterson, W., Corn. Taciti Dialogus de oratoribus, with introductory essays and crit. and explanatory notes, Oxford 1893.

Ritter, F., C. Corn. Taciti Dial. de oratoribus, in usum scholarum recogn. brevique annotatione instr., Bonnae ²1859.
Taciti vita Agricolae. Recogn. brevique adnotatione critica instruxit, Bonnae ³1852.
Roth, C. L., Taciti de vita et moribus Agricolae libellus, Norimberg. 1833.

Schöne, A., C. Corn. Taciti Dial. de orat., recogn., Dresdae 1899.

Tross, L., C. Corn. Taciti de origine, situ, moribus ac populis Germanorum libellus. Ad fidem codicis Perizoniani, numquam adhuc collati, ed. et notas adiecit. — Accesserunt Dialogus de orat. et Suetonii De viris illustribus libellus, ad eundem codicem accurate expressi, Hammone 1841.

Urlichs, C. L., Corn. Taciti De vita et moribus Agricolae liber. Ad codices Vaticanos in usum praelectionum ed. et recens., Wirceburgi 1875.

Wolff, Ed., Tac.' Germania f. den Schulgebrauch erklärt, Lpz.-Berlin ³1915.

EDITIONES RECENTIORES

Anderson, J. G. C., Corn. Taciti De origine et situ Germanorum, ed., Oxford 1938. — *v. etiam* Furneaux.
Arici, Azelia, Storie. Dial. degli oratori. Germ. Agr., Torino 1959.

Bo, D., De vita Iulii Agricolae, intr. e comm., Class. rom. e greci, Milano 1951.
Bogni, V., Germania, testo crit. e. comm., Nuova bibl. dei class. greci e lat., Firenze ⁴1960.
Bonelli, B., La Germania, con comm., Bologna 1942.

Büchner, K., Publ. Corn. Tacitus. Die historischen Versuche. Agricola-Germania-Dialogus, übersetzt und herausgeg., Stuttgart 1955; 2. verbesserte Aufl. ebd. 1963.

Cammelli, G., Agricola, con intr. e comm., Firenze 1933.
Castagnino, A. C., De vita Iulii Agricolae. De origine et situ Germanorum, ed., Buenos Aires 1948.
Cordier, A., Dialogue des orateurs, Vie d'Agricola. La Germanie. Texte et trad., Paris 1934.
Costa, C. A., De Germania liber. Intr. e note, Torino 1937.

Dobelli, Aus., La vita di Agricola. Intr. e comm., Milano 1933.

Fehrle, E., Publ. Corn. Tacitus Germania, herausg., übersetzt u. mit Erläuterungen versehen, München-Berlin [4]1944. 5., überarbeitete Aufl. besorgt von Rich. Hünerkopf, Heidelberg 1958.
Forni, J., Agricola, ed., commentariolo instruxit et illustravit, Romae 1962.

Gallavotti, C., Dialogus de Oratoribus. Recato in Ital. ed annotato col testo a fronte, Firenze 1937.
Galli, F., Dial. de orat., Intr. e comm., Milano 1934.
Giani, R., Il dialogo degli oratori. Trad., intr. e comm., Milano 1935. Germania *et* Agricola, ib. 1936.
Goelzer, H., Dialogue des orateurs. Texte établi par H. G. et trad. par H. Bornecque, Paris [4]1960. — Tacite, Vie d'Agricola, Paris 1922.
Grimal-Fleury, A. et Grimal, H., Agricola, éd. et comm., Paris 1946.

Haas, H., Agricola, Germania, Dialogus de or., Textbearbeitung u. erkl. Namenverz. v. H. H., mit einem Glossar von R. von Kienle, Heidelb. Texte, Lat. Reihe 9, Heidelberg 1951.
Germania, Text u. Namenverz. von H. H., Einleitung von K. Meister, mit einer Karte von Germanien um die Wende des 1. und 2. Jahrh. n. Chr. von R. von Kienle, Heidelb. Texte, Lat. Reihe 23, Heidelberg 1952.
Agricola, Text u. Namenverz. von H. H., Einleitung von K. Meister, Heidelb. Texte, Lat. Reihe 29, Heidelberg 1955.

Lenchantin de Gubernatis, M., De vita Iulii Agricolae liber, rec., Aug. Taurinorum 1949 (1). De origine et situ Germanorum liber, ib. 1949 (2). Dialogus de oratoribus, ib. 1949 (3).

Magni, B., La Germania, con trad. e note, Roma 1938.
Marcolini, M., La Germania, Brescia 1956.
Marsili, A., Dialogus de oratoribus, pref. e comm., Pisa 1959.
Mauersberger, A., Germania, mit einer Übertragung u. Erl., Leipzig 1942.
Meister, K., Dial. de orat., Heidelb. Texte, Lat. Reihe 5, Heidelberg 1961.

Monti, S., Agricola, con introd. e comm., Napoli ²1959.
Much, R., Germania, erl., Germ. Bibl. Abt. I., Reihe 5, 3, Heidelberg 1937. 2. Aufl., durchgesehen von Rich. Kienast, ebd. 1960.

Önnerfors, A., Germania, med svensk tolkn., Stockholm 1960.

Perret, J., La Germania, éd. et trad., Paris Les Belles Lettres ²1962.
Philipp, H., Germania. Die Entdeckungsgesch. der Germanenländer nach Tacitus u. anderen Quellen, Leipzig ²1936.

Reeb, Wilh., Tacitus Germania, mit Beiträgen von A. Dopsch, H. Reis, K. Schumacher, unter Mitarbeit von H. Klenk, herausg. u. erl. v. W. R., Leipzig-Berlin ²1939.
Renard, M., Vie d'Agricola, texte établi et annoté, Bruxelles Office de Publicité 1945.
Robinson, R. P., The Germania of Tacitus. A critical edition, Philological Monographs publ. by the Amer. Phil. Ass. 5, Middletown, Connecticut 1935.

de Saint-Denis, E., Vie d'Agricola, texte établi et. trad., Paris ⁴1962.
Schweizer-Sidler, Heinr., Tacitus' Germania erl., erneuert von Ed. Schwyzer, Halle ⁸1932.
Spinelli, T., V., La vita di Agricola. Note di T. V. Sp., Roma ²1938.
Stella, S., De origine et situ Germanorum liber, con argomenti e vocab., Milano *s. a.*

Till, R., Tacitus, Das Leben des Iulius Agricola, Lat. u. deutsch, Berlin 1961.

Valmaggi, Luigi, Tacito, Germania. Commentato da L. V., Torino 1924.
Viessino, G., Agricola, introd. e comm., Torino 1959.

Wick, F. C., Corn. Taciti Dialogus de oratoribus, Aug. Taurinorum 1936 (Corp. script. Lat. Par. 10).
Willem, A., Vie d'Agricola, éd. et comm., Liège ²1952.
Wolgensinger, F. H., Germania, herausg., Zürich 1945.
Wolters, X., De origine et situ Germanorum liber, bewerkt door, Leiden 1942.

2. DE CODICIBVS

Abbott, Fr. Frost, The Toledo man. of the Germania of Tacitus, with notes on a Pliny man., The Univ. of Chicago Decennial Publ. 6, 1903, 217—258.
Andresen, G., Zur handschriftlichen Überlieferung des taciteischen Dialogus, Woch. f. kl. Phil. 1900, 641—646. 697—702. 778—783, 1210—1216; 1910, 1312sqq.

Bloch, H., A manuscript of Tac.' Agr. in Monte Casino about A. D. 1135, CPh. 1941, 185—187.
Brugnoli, G., La vicenda del codice hersfeldense, Riv. cult. class. e medioevale 3, 1961, 68sqq.

Coulter, C. C., Boccaccio and the Casinese Man. of the Laurentian Library, Cl. Phil. 43, 1948, 217sqq.

Fabre, P., Quelques réflexions à propos d'un livre sur la tradition manuscrite de la Germanie, Latomus 10, 1951, 479—485.

Hümer, Joh., Über eine Wiener Handschr. zum Dialog und zur Germania des Tacitus und zu Suetons Fragm. De gramm. et rhet., Ztschr. f. österr. Gymnasium 29, 1878, 801—813.

Jäkel, Guernerus, De Taciti Germaniae atque Agricolae codicibus Aesinate et Toletano, Diss. Berol. 1926.

Lehnerdt, Max, Enoch von Ascoli und die Germania des Tacitus, Hermes 33, 1898, 499—505.

Mendell, Cl. W., Discovery of the minor works of Tacitus, AJPh. 56, 1935, 113—130.
Manuscripts of Tacitus' minor works, MAAR. 19, 1949, 135—145.
Tacitus, New Haven 1957, 256sqq.

Perret, J., Un manuscrit perdu de la Germanie de Tacite d'après les annotations d'un incunable de Chantilly, CRAI. 1948, 56.
Recherches sur le texte de la Germanie, Coll. Et. Lat., Sér. scient, 25, Paris Les Belles Lettres 1950.
Philipp, Ed., Zur Tacitushandschrift cod. Vindob. II, WSt. 11, 1889, 288—290.
Über die Mailänder und die Venediger Handschrift zum Dialog des Tacitus, WSt. 26, 1904, 290—308.
Pralle, L., Die Wiederentdeckung des Tacitus. Ein Beitrag zur Geistesgesch. Fuldas und zur Biographie des jungen Cusanus, Quellen u. Abh. zur Gesch. der Abtei u. der Diözese Fulda 17, Fulda 1952.

Reitzenstein, R., Zur Textgeschichte der Germania, Philol. 57, 1898, 307—317.
Robathan, D. M., Another fiftheenth-century manuscript of the Germania (cod. Ottobon. 1434), AJPh. 1950, 225—238.

Schefczik, Henr., De Corn. Taciti Germaniae apparatu critico, Progr. Troppau 1886.
Scheuer, Fr., De Tacitei de oratoribus dialogi codicum nexu et fide, Breslauer philol. Abh. VI 1, 1891.
Schoenemann, Arthur, De Taciti Germaniae codicibus capita duo, Diss. Halis Saxonum 1910.
Sepp, Bernh., Der codex Pontani in Leyden, Philol. 62, 1903, 292—305.

Tagmann, Rob., De Taciti Germaniae apparatu critico, Vratislaviae 1847.
Thomas, Georg Martin, Über einen Codex Venetus zum Dialogus und zur Germania des Tacitus, Münch. gel. Anz. 36, 1853, 9—23.
Till, Rud., Handschriftl. Untersuchungen zu Tacitus Agr. und Germ. Mit einer Photokopie des Cod. Aesinas, Berlin 1943 (Deutsches Ahnenerbe B, Abt. Arbeiten zur kl. Phil. u. Alt.-kunde I).

Wissowa, G., Zur Beurteilung der Leidener Germania-Hs, Festschr. z. 25jähr. Stiftungsfest des hist.-phil. Vereines der Univ. München, München 1905, 1—15.
Taciti Dialogus de oratoribus et Germania. Suetonii de viris illustribus fragmentum. Codex Leidensis Perizonianus phototypice editus. Praefatus est G. W., Lugduni Bat. 1907 (Cod. Graeci et Latini photographice depicti duce Scatone de Vries, Suppl. IV).
Wünsch, R., De Taciti Germaniae codicibus Germanicis, Diss. Marpurgi Chattorum 1893.
Zur Textgeschichte der Germania, Hermes 32, 1897, 42—59.

DE TEXTV CONSTITVENDO

Eriksson, N., Einige textkritisch untersuchte Tacitusstellen, RhM. 1939, 18—27.

Fletcher, G. B. A., Notes on Tacitus, AJPh. 1945, 13—33.
Frahm, Fr., Neue Wege zur Textkritik von Tacitus' Germania, Hermes 69, 1934, 426—443.

Halm, K., Über einige controverse Stellen in der Germania des Tac., Sitz. Ber. Bayer. Ak. 1864, 2, 1—41.
Heraeus, K., Über einige unbeachtet gebliebene Fehler und controverse Stellen im Texte der Germania des Tac., Progr. Gymn. Hamm 1880, 3—14.

Lepointe, G., Réflexions sur le texte de Tacite, de la Germanie 18, RIDA III 1949 (Mél. de Visscher II) 83—89.
Lundström, V., Litet textkritik till Agricola, Eranos 36, 1938, 108—125.

Marín y Peña, M., Sobre el Agr. de Tacito, Emerita 18, 1950, 18—30.
Meiser, K., Krit. Studien zum Dialogus und zur Germania des Tac., Progr. Eichstädt 1871.

Nipperdey, K., Vorläufige Bemerkungen zu den kl. Schriften des Tacitus, Rh.Mus. 18, 1863, 342—365.

Persson, P., Kritisch-exegetische Bemerkungen zu den kl. Schriften des Tacitus, Upsala—Leipzig 1927.

Reifferscheid, A., Coniectanea in Taciti Germaniam. Symbola phil. Bonnensium in honorem Fr. Ritscheli collecta, Lipsiae 1864sqq., 623—628.

Sturm, Joh. Andr., In Taciti minorum librorum aliquot locos animadversiones criticae et exegeticae, pars prior, Progr. Köln 1879.

Urlichs, Ludw., Krit. Bemerkungen zu dem älteren Plinius und zu Tacitus, RhM. 31, 1876, 493—529.

Verdière, R., Notes de lecture, Latomus 19, 1960, 792—796.

Wagenvoort, H., Ad Taciti Dialogum 8, 1. 21, 5, Mnemos. [4]7, 1954, 214.

3. COMMENTATIONES ET DISSERTATIONES SELECTAE

Alfonsi, L., Su un passo della Germania e sulla sua tradizione (Germ. 33), Aevum 27, 1953, 260.

Austin, R. G., The epilogue to the Agr., CR. 1939, 116 sq.

Balogh, E., Zur Auslegung einer Tacitusstelle (Germ. 24), Studi Paoli, Firenze 1955, 41—58.

Bardon, H., Dialogue des orateurs et Institution oratoire, REL. 1941, 13—31.
A propos de l'Agricola, LEC. 11, 1943, 3—7. Sur l'Agricola, de nouveau, ib. 12, 1944, 273—285.
Tacite et le Dialogue des Orateurs, Latomus 12, 1953, 166—187.
De nouveau sur Tacite et le Dialogue des Orateurs, Les critères grammaticaux et stylistiques, ib. 12, 1953, 485—494.

Barwick, K., Der Umfang der Lücke in Tac. Dial. de orat., RhM. 68, 1913, 279—285.
Zur Erklärung u. Komposition des Rednerdialogs des Tac., Judeich-Festschr., Jena 1929, 81—108.
Der Dialogus de orat. des Tac., Motive u. Zeit seiner Entstehung, Berlin 1954.

Becker, J. T., Caesar and Tacitus — a concordia discors, ClB. 10, 1933/34, 38—40.

Bickel, E., Die Glaubwürdigkeit des Tac. u. seine Nachrichten über den Nerthuskult u. die Germanen, Bonner Jbb. 139, 1934, 1—20.
Nordisches Stammgut in der römischen Religion, RhM. 1940, 12—43.

Bielefeld, G., Der kompositorische Aufbau der Germania des Tac., Festschr. M. Wegner, Münster/Westf. 1962, 44—54.

Birley, E., Britain under the Flavians. Agricola and his predecessors, DUJ. N. S. 7, 1945/46, 79—84.
Roman Britain and the Roman army, Kendal 1953.

den Boer, W., Die gegenseitigen Verhältnisse der Personen im Dialogus de orat. u. die Anschauung des Tac., Mn. 1939, VII, 193—224.
Bolaffi, E., Introduction a Tacite, Phoibos III—IV, 1948—50, 81—95.
Briessmann, A., Auswahlbericht zu Tac., Gymn. 68, 1961, 64—80.
Bruère, R. T., Tac. and Pliny's Panegyricus, ClPh. 49, 1954, 161—179.
Bruno, L., Tacito e la poesia. Critica dell'oratoria e difesa della poesia nel Dialogus de oratoribus, Salerno 1948.
Büchner, K., Das Proömium zum Agr. des Tac., WSt. 69, 1956, 321—343.
Drei Beobachtungen zu Min. Felix, Hermes 82, 1954, 231—245.
Hat Tac. geglaubt, der Untergang des röm. Reiches stehe unmittelbar bevor? Festschr. Schuchardt, Baden-Baden 1960, 43—48.
Reicht die Statthalterschaft des Agricola von 77—82 oder von 78—83 n. Chr.? RhM. 103, 1960, 172—178.
Bulst, Chr. M., Tac. und die Provinzen. Ein Beitrag zur röm. Provinzialpolitik am Ende des 1. nachchristl. Jahrh., Diss. Heidelberg 1959.
Burn, A. R., Agricola and Roman Britain, London 1953.

Capocci, Val., Il Dialogus de orat. opera giovanile di Tacito, Annali della Facoltà di Lettere e Fil. d. Univ. d. Napoli 2, 1952, 79–136.
Cary, M., The frontier policy of the Roman emperors down to A. D. 200, Roman life and letters, Studies . . . Heerhoff, Kapstadt 1959, 131—138.
Chevallier, R., Rome et la Germanie au 1er siècle de notre ère, Latomus 20, 1961, 33—51. 266—280.
Ciaceri, E., Tacito. I grandi Italiani XVI, Torino 1941.
Colaclides, P., *Συμβολαὶ εἰς τὸ πρόβλημα τῆς συνθέσεως τοῦ* Agricola, Athena 62, 1958, 114—184.
Collingwood, R. G., and J. N. L. Myres, Roman Britain and the English settlements, Oxford 1936, ^{2}1949.
Cousin, J., Histoire et rhéthorique dans l'Agricola, REL. 14, 1936, 326—336. — Rhétorique et psychologie chez Tacite. Un aspect de la deinôsis, REL. 29, 1951, 228—247.

Daitz, S. G., Tacitus' technique of charakter portrayal, AJPh. 81, 1960, 30—52.
Desideri, S., Note sull' Agricola di Tac., GJF. 13, 1960, 150—156.
Dihle, A., Studien zur griech. Biographie, Göttingen 1956.
Dirlmeier, Fr., Die Germania des Tacitus, Versuch einer Deutung, ASpr. 2, 1937, 37—48.
Dorey, T. A., Agricola and Domitian, G & R 7, 1960, 66—71.
Drexler, H., Die Germania des Tacitus, Gymn. 59, 1952, 52—70.

Drexler, H., Zu Tacitus' Dialogus und Sallust, Maia 14, 1962, 3—25.

Egermann, Fr., Der Dialogus des Tacitus und Platons Gorgias, Hermes 70, 1935, 424—430.
Ehrhardt, A., Rechtsvergleichende Studien zum antiken Sklavenrecht I, Wergeld und Schadenersatz, ZRG. 68, 1951, 74—130.

Fabia, Ph., et Wuilleumier, P., Tacite, l'homme et l'œuvre, Coll. Le livre de l'étudiant, Paris 1949.
Feger, R., Virtus bei Tacitus, WJA. III 1948, 301—315.
Fehrle, E., Die Germania als Quelle für deutsche Volkskunde, Schweiz. Arch. f. Volkskunde 26, 1926, 229ff.
Focke, F., Der Namensatz, Festschr. O. Weinreich, Baden-Baden 1952, 31—42.
von Fritz, K., Aufbau und Absicht des Dial. de orat., RhM. 81, 1932, 275—300.
Tac., Agr., Domitian and the problem of the principate, ClPh. 52, 1957, 73—97.
Frot, J., Tacite est-il l'auteur du „Dial. des orateurs"?, REL. 33, 1955, 120—129.
Fuchs, H., Der geistige Widerstand gegen Rom in der antiken Welt, Berlin 1938.

Garraty, J. O., The nature of biography, London 1958.
Giarratano, C., Cornelio Tacito, Roma 1941.
Grégoire, H., Influences thraco-thessaliennes et orientales sur les cultes de l'Occident germanique, BAB. 35, 1949, 234—252.
Grenade, P., A propos de Agricola 3: *cf.* REL. 31, 1953, 33—34.
Grews, J. M., Tacitus (aus dem Russischen übertragen von L. Behrsing), Leipzig 1952.
Grosso, G., Tendenziosità dell'Agricola, Miscellanea phil. in memoriam Ach. Beltrami, Univ. di Genova, Fac. di Lettere, Genova 1954.
Güngerich, R., Der Dialogus des Tac. und Quintilians Institutio oratoria, ClPh. 46, 1951, 159—164.
Tacitus' Dialogus und der Panegyricus des Plinius, Festschr. Br. Snell, München 1956, 147—152.
Gundel, H. G., Der Keil in der germ. Feldschlacht, Gymn. 50, 1939, 154—165.
Gunz, A., Die deklamatorische Rhetorik in der Germ. des Tac., Diss. Lausanne 1934.
Gutenbrunner, S., Über decumates agri als Zehntland aufgefaßt, Klio 16, 1941, 357—363.

Haas, H., Virtus Tacitea, Gymn. 49, 1938, 163—180.
Die Germanen im Spiegel der röm. Dichtung, Gymn. 54/55, 1943/44, 73—114.
Hald, K., Angles and Vandals. C&M. 1941, 62—78.
Hanslik, R., Tacitus. I. Bericht, AAHG. 13, 1960, 65—102.

Hartke, W., Der retrospektive Stil des Tac., Klio 37, 1959, 178—195.
Heinze, R., Urgentibus imperii fatis, ⟨Tac. Germ. c. 33⟩: Vom Geist des Römertums. Ausg. Aufs. herausg. von E. Burck, Leipzig 1938, 255—277.
Helm, R., Zwei Probleme des taciteischen Dialogus, NJbb. 21, 1908, 485 sqq.
Hennig, R., Der Rhein als Bernsteinweg des Altertums, PM. 1942, 53—55.
Herrmann, L., La mort de Curiatus Maternus, Latomus 1939, 58—60.
Quintilien et le Dial. des orateurs, ibid. 1955, 349—369.
Hesselmeyer, E., Tac. und das Dekumatland. Hist.-sprachl. Untersuch. zur Besiedlungsgeschichte Süddeutschlands, WaG. 2, 1936, 203—208.
Tacitus und die Zehntlandtheorie, Klio 31, 1938, 92—103.
Dekumatland, Zehntland, Egartenland, Klio 1944, 175—200.
Heubner, H., Neues zum ‚Namenssatz' des Tac. (Germ. 2, 2), Gymn. 69, 1962, 426—429.
Hirschfeld, O., Der Name Germani bei Tacitus und sein Aufkommen bei den Römern, Festschr. H. Kiepert, Berlin 1898, 259—274.
Hjärne, E., Bernstensriddaren och Tacitus, Jnbjudningar till doktors-promotionerna i Upsalas. Univ. aula 31 Mai 1938.
Hommel, H., Die Hauptgottheiten der Germanen bei Tacitus, ARW. 37, 1941, 144—172.

Jax, K., In componendis synonymis quae ratio adhibita sit in Taciti Germania et Agricola, Studi in on. di U. E. Paoli 1955, 423—432.
Jens, W., Libertas bei Tac., Hermes 84, 1956, 331—352.

Kappelmacher, A., Zur Abfassungszeit von Tacitus Dialogus de oratoribus, WSt. 50, 1932, 121—129.
Kaspers, W., Zu decumates agri, Hist. 1941, 315—316.
Kennedy, G. A., The earliest rhetorical handbooks, AJPh. 80, 1959, 169—178.
Keyssner, E., Betrachtungen zum Dialogus als Kunstwerk und Bekenntnis, Festschr. C. Hosius, Würzb. Stud. 9, Stuttgart 1936, 94—115.
Klingner, Fr., Tacitus, Die Antike 8, 1932, 151—169 (Röm. Geisteswelt, 4. vermehrte Aufl., München 1960, 490—513).
Tac. und die Geschichtsschreibung des 1. Jahrh. n. Chr., Mus. Helv. 15, 1958, 194—206. (Röm. Geisteswelt, ⁴1960, 469—489).
Klinz, A., Die Keltenfrage bei Caesar und Tacitus, Dt. Höhere Schule 4, 1937, 154—160.
Koestermann, E., Der taciteische Dialogus und Ciceros Schrift De re publica, Hermes 65, 1930, 396—421.
Tacitus, Bericht über das Schrifttum der Jahre 1931—1938, Burs. Jbb. 282, 1944, 78—220.

Krohn, Fr., Personendarstellung bei Tacitus, Diss. Leipzig 1934 (p. 33—53 Agricola—Domitian).
Kossinna, G., Die deutsche Vorgeschichte. Mannus-Bibl. 9. Leipzig [3]1921.
Kunihara, K., Tacitea (japan, engl. Résumé), JCS. 8, 1960, 61—73 (Abfassungszeit des Dial.: 89—93).

Lacey, W. K., Oblongae scutulae vel bipenni. Tac. Agr. 10, 3, PCPhS. 183, 1954/1955, 16—20.
Laistner, M. L. W., The greater Roman Historians, Sather Class. Lect. 37, Berkeley Univ. of California Pr. 1947.
Lammert, F., Germanische Reiter, Gymn. 49, 1938, 194—196.
Landi, C., Urgentibus imperii fatis, Scritti storici in onore di Cam. Manfroni, Padua 1925, 443—453.
Lenchantin de Gubernatis, M., (*cf. edition.*): *adiecit conspectum librorum imprimis priorum, quos magna ex parte consilio praeterii, cf.* (1) p. XXV—XXX, (2) p. XXIII—XXIX, (3) p. XXI—XXVI.
Leo, Fr., Die griech.-röm. Biographie, Leipzig 1901.
Lintzel, M., Germ. Monarchien u. Republiken in der Germ. des Tac., Z. Sav. Stiftung, Germ. Abt. 54, 1934, 227—237.
Löfstedt, E., Roman literary portraits, Oxford 1958.

Mackay, L. A., Tac. Agr. 36, 3, Stud. in honour of G. Norwood, Phoenix Suppl. I, Toronto Univ. of Toronto Pr. 1952, 224—228.
Mader, U. J., Sippe u. Gefolgschaft bei Tac. u. in der westgerm. Heldendichtung, Diss. Kiel 1940.
Manacorda, G., Tacito, Pensieri, Firenze 1949.
Marchesi, C., Ancora sull' autore del ‚Dialogus de orat.', AttiVen. 96, 1936/37, 89—93.
Martin, R. H., Variatio and the development of Tac.' style, Eranos 51, 1953, 89—96.
Masera, Giov., Per la paternità Tacitiana del dialogo de or., MCl. 4, 1934, 98—105.
Maurer, K., Tamquam bei Tacitus, Germ. 4, Hermes 81, 1953, 125—128.
Melander, K. R., Tac.' Germ. als Quelle der deutschen Frühgeschichte, Annales Acad. Sc. Fennicae 47, 2, Helsinki 1940.
Melin, B., Zum Eingangskapitel der Germania, Eranos 58, 1960, 112—131.
Mendell, C. W., Tacitus, Literature 1948—1953, ClW. 48, 1955, 92—106.
Mentz, A., Die notae der Germanen bei Tac., RhM. 86, 1937, 193—205.
Michel, A., La causalité historique chez Tac., REA. 61, 1959, 96—106.
Le ‚Dialogue des orateurs' de Tac. et la philosophie de Cicéron, Paris 1962.
Miller, N. S., The fifth campaign of Agr., JRS. 1948, 15—19.

Mommsen, Th., Reden u. Aufsätze, Berlin 1905, 144ff.
Moreau, J., Les guerriers et les femmes impudiques (Germ. 8), AIPhO. 11, 1951 (Mél. Grégoire III), 283—300.
Mullens, H. G., Illustrations of the classics from Man, G&R 9, 1940, 96—101.

Nasz, A., Les Vénèdes chez Tacite et Ptolémée, Archéologie 2, 1948, 177—184; 498—499 (resumé en français).
Naum, Th. A., Quelques observations de détail sur la Germ. de Tac., Mélanges Marouzeau, Paris 1948, 445—449.
Naumann, H., Die Glaubwürdigkeit des Tac. als Hist., BJb. 139, 1934, 21—33. NGH. 10, 2 (1935), 12—28.
Nesselhauf, H., Tac. und Domitian, Hermes 80, 1952, 222—245.
Norden, Ed., Die germanische Urgeschichte in Tacitus' Germania, Stuttgart [4]1959.
Altgermanien. Völker- und namengeschichtliche Untersuchungen, Leipzig 1934.

Önnerfors, A., In Taciti „Germanium" annotationes criticae, SymbOsl. 34, 1958, 45—53.

Palm, Th., Der Kult der Naharvalen, ARW. 36, 1939, 398—405.
Le bocage des Semnones. Une étude sur le culte d'arbre germanique: *cf.* C&M. 9, 1947, 275.
Paratore, E., Tacito, Bibl. Storica Univ. II, 3, Milano-Varese 1951 (*v. imprimis* cap. II—IV p. 43—340).
Ancora del ‚Dialogus de oratoribus', Coimbra 1954 (Fac. de Letr. da Univ. de Coimbra. Inst. de Estud. class.).
Pasquali, G., Come vestivano i Germani secondo Tacitus, SIFC. 1939, 129—163.
Patsch, C., Der Kampf um den Donauraum unter Domitian und Trajan, Sitz.-Ber. Wien. Ak. 217, 1. Abh., 1937.
Perret, J., La formation du style de Tacite, REA. 56, 1954, 90—120.
Perrochat, P., A propos de l'infinitif de narration. Tacite imitateur de Salluste dans l'Agr., REL. 13, 1935, 261—265 (*cf.* ib. 14, 1936, 43—48).
Pettazzoni, R., Regnator omnium deus, SMSR. 19—20, 1943—1946, 142—156 (*cf.* RAL. Ser. 8 I 1946, 379—386).
Pfister, F., Tac. und die Germanen, Stud. zu Tac., Festschr. f. C. Hosius, Würzb. Stud. 9, Stuttgart 1936, 59—93.
Piganiol, A., Les Gaulois au Wurtemberg (Tac. Germ. 29, 4), BAGB. N. S. I 1946, 2 p. 30—43.
Pleket, H. W., Domitian, the senate and the provinces, Mnemos. [4]14, 1961, 296—315.
Pöschl, V., Tac., und der Untergang des röm. Reiches, WSt. 69, 1956, 310—320.
Der Historiker Tacitus, Welt als Geschichte 22, 1962, 1—10.
Polomé, E., A propos de la déesse Nerthus, Latomus 1954, 167—200.

Prinz, K., Zum Proömium des taciteischen Agr., WSt. 55, 1937, 142—148.

Reitzenstein, R., Bemerkungen zu den kl. Schr. des Tac., Nachr. d. kön. Ges. d. Wiss. zu Göttingen, phil.-hist. Kl. 1914, 173—276.
de Reynold, G., Barbares et Germains. Des mots aux hommes, AM. 1944, 25—38 et 135—141.
Richmond, I. A., Gn. Julius Agricola, JRS. 34, 1944, 34sqq.
Richmond, I. A., (Hrsg.), Roman and native in North Britain, Edinburgh 1958.
Romain Britain, 1910—1960, JRSt. 50, 1960, 173—191.
Richter, W., Zur Rekonstruktion des ‚Dialogus de oratoribus', NGA. 1961, 12.
Roettger, G., Die taciteische Germania im heutigen Lateinunterricht, NJAB. 1939, 267—282.
Roll, H., Von altgerm. Reitkunst, Gymn. 49, 1938, 82—86.
Rosenfeld, H., Die Dioskuren als λευκὼ πώλω u. die Alces = Elchreiter der Vandalen, RhM. 1940, 1—6.

de Saint-Denis, E., Qu'est-ce que l'Agr. de Tac.? LEC. 1941, 14—30. A propos de l'Agr., ib. 1943, 127—128.
Mare clausum, REL. 1947, 196—214 (Agr. 24).
Salvatore, A., Su due loghi del De orat., GIF. I 1948, 67sq. — Stile e ritmo in Tacito, Napoli 1950.
Schmich, R., Die Darstellung der sog. stoischen Senatsopposition bei Tac. Ein Beitrag zum Verständnis der politischen Haltung des Geschichtsschreibers, Diss. Heidelberg 1961.
Schnetz, J., ‚Decumates' agri ⟨Tac. Germ. 29⟩, eine Textverderbnis, ZNF. 14, 1938, 227—233. — Noch einmal die decumates agri, ZNF. 16, 1940, 120—130. — E. Hesselmeyer in Die Welt als Geschichte II und W. Sontheimer in RE über decumates agri, ib. 130—153; 238. — Der Zusammenbruch der Form decumates (Tac. Germ. 29). Die agrarhistorische Lösung des Problems, ib. 18, 1942, 14—22.
Schönberger, O., Die Klagen über den Verfall der röm. Beredsamkeit im 1. Jahrh. n. Chr., ein Beitrag zum Problem der Dekadenz, Diss. Würzburg 1951 (*Masch.Schr.*).
Schröder, Alfr., De ethnographiae antiquae locis quibusdam communibus observationes, Diss. Halae Saxon. 1921.
Schulten, A., Tac. über die Chatten, Zs. f. Rassenkunde 1, 1935, 74—76.
Sievers, Ed., Germaniae vocabulum, Beitr. z. Gesch. d. deutschen Sprache u. Literatur 49, 1925, 429—433.
Smiraglia, P., Il Dial. de orat. Cronologia e rapporti con l'insegnamento di Quintiliano, Ann. Fac. Lett. Napoli 5, 1955, 159—189.
Sontheimer, W., Interpretation zur Germ. des Tac. und zu Caesars Germanenabschnitten, NJAB. 1939, 422—428.

von Stackelberg, J., Tacitus in der Romania, Studien zur literarischen Rezeption des Tac. in Italien und Frankreich, Tübingen 1960.
Steidle, W., Sueton und die antike Biographie, München 1951 (Zetemata I).
Strohm, H., Tacitus' Agricola. Inhalt und Gestalt, Gymn. 1942, 93—98.
Stuart, D. R., Epochs of Greek and Roman Biographie, Berkeley 1928.
Svennung, J., Belt und Baltisch. Ostseeische Namenstudien, Acta Univ. Upsal. 1953, 4, Upsala 1953.
Syme, Sir Ronald, How Tac. came to history, G&R. 4, 1957, 160—167.
The friend of Tac., JRS. 47, 1957, 131—135.
Tacitus, 2 Vols., Oxford 1958 (Bibliography II 809—823).

Tackenberg, K., Die Germania des Tac. und das Fach der Vorgeschichte, Festschr. M. Wegner, Münster/Westf. 1962, 55—70.
Terzaghi, N., Tre fonti secondarie del Panegirico di Plinio, Maia II 1949, 121—127 (*pertinet ad Agr.*).
Thielscher, P., Das Herauswachsen der ‚Germania' des Tac. aus Caesars ‚Bellum Gallicum', Das Altertum 8, 1962, 12—26.
Toynbee, J. M. C., Two notes on Tacitus, CR. 1944, 39—43.
Traub, H., W., Agricola's refusal of a governorship (Tac. Agr. 42, 3). ClPh. 49, 1954, 255sqq.
Trüdinger, K., Stud. z. Gesch. der griech.-röm. Ethnographie, Diss. Basel 1918.

Ulrich, O., Eine Einschaltung in der Chattenschilderung des Tac., Zt. f. dt. Alt. 73, 1936, 131—132.

Vretska, K., Das Problem der Lücke und der Secundusrede im Dialogus de oratoribus, Emerita 23, 1955, 182—210.

Waitz, G., Die Verfassung des deutschen Volkes in ältester Zeit, Berlin [3]1880.
Walker, B., The Annals of Tac., Manchester 1952 (*cf. imprimis* cap. IX. Tacitus the man, p. 162—203). [2]1960.
Walser, G., Rom, das Reich u. die fremden Völker in der Geschichtsschreibung der frühen Kaiserzeit. Stud. zur Glaubwürdigkeit des Tac., Basler Beitr. zur Gesch.wiss. 37, Basel-Baden-Baden 1951.
Die röm. Überlieferung vom staatl. und kulturellen Zustande der Barbarei, Carnuntina, Röm. Forschungen in Niederösterreich III, Graz 1956, 195—201.
Walther, W., Die Germanialektüre. Ein Unterrichtsbeispiel, NJAB. 1941, 257—301.
Waltz, R., Le ‚rôle' de Secundus dans le dial. des orat., RPh. 9, 1935, 296—301.
Wellesley, K., Three notes of Tac., ClR. 12, 1962, 118f.

Wendt, B., Roms Anspruch auf Germanien. Untersuchungen zur röm. Außenpolitik im 1. Jahrh. n. Chr., Diss. Hamburg 1961.
Werber, A., Der Satzschlußrhythmus des Tac., Diss. Tübingen 1962.
Whatmough, Joshua, The Osi of Tac. Germanic or Illyrian?, ClPh. 42, 1931, 139—155.
Willmer, Kl., Das Domitianbild des Tac. Untersuch. des taciteischen Tyrannenbegriffes und seiner Voraussetzungen, Diss. Hamburg 1958 (Masch.schr.).
Wolff, Erw., Das geschichtliche Verstehen in Tac. Germ., Hermes 69, 1934, 121—166.
Woodhead, A. G., Tac. and Agricola, Phoenix II 1947/48, 45—55.
Wührer, K., Die schwedischen Landschaftsrechte und Tacitus' Germania, ZSav., Germ. Abt. 76, 1959, 1—52.
Zanco, B., Su elenne interpretazioni dell' Agricola nel Tacito del Paratore, Aevum 33, 1959, 252—263.
Zimmermann, R. Ch., Die Einleitung von Tac. Agr., Bayer. Bl. Gymn. 69, 1933, 83—92.
Tac. Gespräch über die Redner, ib. 70, 1934, 236—247.

NOTAE

Acid.	= Acidalius	*Madv.*	= Madvig
Agr.	= R. Agricola	*Mich.*	= Michaelis
And.	= Anderson	*Mur.*	= Muretus
Andr.	= Andresen	*Nipp.*	= Nipperdey
Baehr.	= Baehrens	*Or.*	= Orelli
Ber.	= Beroaldus	*Peerlk.*	= Peerlkamp
Bip.	= Bipontini	*Pich.*	= Pichena
Cl.	= Classen	*Pith.*	= Pithoeus
Corn.	= Cornelissen	*Put.*	= Puteolanus
Dec.	= Decembrio	*Reiff.*	= Reifferscheid
Doed.	= Doederlein	*Reitz.*	= Reitzenstein
Ern.	= Ernesti	*Rhen.*	= Rhenanus
Fr.	= Fröhlich	*Ribb.*	= Ribbeck
Jac.Gron.	= Jacob Gronov	*Ritt.*	= Ritter
J.F.Gron.	= Joh. Fr. Gronov	*Rob.*	= Robinson
Grot.	= Grotius	*Schöm.*	= Schömann
Gud.	= Gudeman	*Schurzfl.*	= Schurzfleisch
Heins.	= Heinsius	*Sörb.*	= Sörbom
Helmr.	= Helmreich	*Sp.*	= Spengel
Her.	= Heraeus	*Url.*	= Urlichs
Heum.	= Heumann	*Urs.*	= Ursinus
Humm.	= Hummel	*V.*	= Vahlen
Jac.	= Jacob	*Valm.*	= Valmaggi
Koest.	= Koestermann	*Weiss.*	= Weißenborn
Lips.	= Lipsius	*Wiss.*	= Wissowa
Loefst.	= Loefstedt	*Wölffl.*	= Wölfflin

Mf. = Müllenhoff, Deutsche Altertumskunde IV

P. CORNELII TACITI

DE ORIGINE ET SITV GERMANORVM

LIBER

DE SINGVLIS CODICIBVS

B = codex Vaticanus 1862
b = codex Leidensis Perizonianus
X = consensus codicum Bb
C = codex Vaticanus 1518
c = codex Neapolitanus IVc 21
Y = consensus codicum Cc
E = codex Aesinas lat. 8.

Codices BCc contulit G. Andresen Romae ac Neapoli a. 1898, codicis b lectiones deprompta sunt e Georgii Wissowa editione (Lugd. Bat. 1907), codicis E ex Rudolfi Till editione (Berol. 1943), qui post Caesarem Annibaldi secundus codicem accuratissime perlustravit. paucae quaedam lectiones adnotatae sunt e codicibus Vindobonensi ser. nov. 2960 (olim 711) V, Hummeliano, qui saeculo XIX interiit, Monacensi 5307, qui codices familiae Y propinqui sunt. Lectiones, quibus nulla nota adiecta est, in libris XYE extant.

1 1. Germania omnis a Gallis Raetisque et Pannoniis
Rheno et Danuvio fluminibus, a Sarmatis Dacisque mu-
tuo metu aut montibus separatur; cetera Oceanus ambit,
latos sinus et insularum inmensa spatia complectens,
nuper cognitis quibusdam gentibus ac regibus, quos bel-
2 lum aperuit. Rhenus Raeticarum Alpium inaccesso ac
praecipiti vertice ortus modico flexu in occidentem ver-
sus septentrionali Oceano miscetur. Danuvius molli et
clementer edito montis Abnobae iugo effusus pluris po-
pulos adit, donec in Ponticum mare sex meatibus erum-
pat; septimum os paludibus hauritur.

1 2. Ipsos Germanos indigenas crediderim minimeque
aliarum gentium adventibus et hospitiis mixtos, quia nec
terra olim, sed classibus advehebantur qui mutare sedes
quaerebant, et immensus ultra utque sic dixerim adver-
sus Oceanus raris ab orbe nostro navibus aditur. quis
porro, praeter periculum horridi et ignoti maris, Asia
aut Africa aut Italia relicta Germaniam peteret, infor-
mem terris, asperam caelo, tristem cultu aspectuque,
nisi si patria sit?

2 Celebrant carminibus antiquis, quod unum apud illos
memoriae et annalium genus est, Tuistonem deum terra
editum. ei filium Mannum, originem gentis conditorem-
que, Manno tris filios assignant, e quorum nominibus
proximi Oceano Ingaevones, medii Herminones, ceteri

CORNELII (C. CORNELII Y) TACITI DE ORIGINE ET SITV GERMANORVM (GERMANIAE c *et liber Hersf.*) B C c *et liber Hersf. teste Dec. (v. Sabbadini Riv. di fil. 29, 262)* CORNELII TACITI DE ORIGINE · SITV · MORIBVS AC POPVLIS GERMANORVM LIBER b CORNELII TACITI DE ORIGINE ET MORIBVS GERMANORVM LIBER E de situ Germaniae *Reiff., ut est in codice Urbinati 412*

1 Raetisque *Cellarius:* retiisque (rae-, rhae-, rhe-) || 9 Abnobae *Rhen.:* arnobae *vel* arbonae | plures Y (plurimos *E. Wolff coll. Plin. n. h. IV 79*) || 15 aversus *Acid. prob. Haas-Meister* || 20 si *om.* b sibi V, *cod. Humm.* || 22 Tuistonem C b*corr.* Tristonem B b (Tuisman B *in marg.*) Tuisconem E Bistonem c, *cf. Mf. p. 112* || 23 ei B E et b Y, *cf. WS. f. kl. Phil. 1903, 276* | conditoremque *al.:* conditorisque (*nisi quod* conditoris C), conditoresque *Rhen.* || 24 tres Y | e *om.* C || 25 Inguaeones *Mf. p. 590* | herminones b[2] c (*cf. Much Comm. p. 25)* hermiones B b[1] C E

Istaevones vocentur. quidam, ut in licentia vetustatis, pluris deo ortos plurisque gentis appellationes, Marsos Gambrivios Suebos Vandilios affirmant, eaque vera et antiqua nomina. ceterum Germaniae vocabulum recens 3
et nuper additum, quoniam qui primi Rhenum transgressi Gallos expulerint ac nunc Tungri, tunc Germani vocati sint: ita nationis nomen, non gentis evaluisse paulatim, ut omnes primum a victore † ob metum, mox etiam a se ipsis invento nomine Germani vocarentur.

3. Fuisse apud eos et Herculem memorant, primumque 1
omnium virorum fortium ituri in proelia canunt. sunt illis haec quoque carmina, quorum relatu, quem barditum vocant, accendunt animos, futuraeque pugnae fortunam ipso cantu augurantur; terrent enim trepidantve, prout sonuit acies, nec tam voces illae quam virtutis concentus videntur. affectatur praecipue asperitas soni et fractum murmur, obiectis ad os scutis, quo plenior et gravior vox repercussu intumescat. ceterum et Ulixen 2
quidam opinantur longo illo et fabuloso errore in hunc Oceanum delatum adisse Germaniae terras, Asciburgiumque, quod in ripa Rheni situm hodieque incolitur, ab illo constitutum nominatumque; aram quin etiam Ulixi consecratam adiecto Laertae patris nomine eodem loco olim repertam, monumentaque et tumulos quosdam Graecis litteris inscriptos in confinio Germaniae Raetiaeque adhuc extare. quae neque confirmare argumen- 3

1 Istuaeones *Mf.*, Iscaevones *J. Grimm* || **2** plures **Y** | deos **E** | pluresque (plurisque gentes ⟨et⟩ appellationes *J. Müller*) || **3** ganbriuios **C** gabrinios **b**[1] | sueuos *libri ac sic deinceps, cf. ad 41, 1* | uandalios **b** || **5** auditum *Lips.* || **6** ac] ut **b** | [ac nunc Tungri] *Gud.* || **7** sunt **C** | nomen ⟨in⟩ nomen gentis *Acid.* [non gentis] *A. Weidner* || **8** a victo *J. Grimm* | *signum corruptelae posuit Koest.* || **9** etiam] et **C** *om.* **Ec** || **10** et apud eos **V**, *probante Gud.* || **12** illius *Fr. Hertlein* | baritum **c**[2] *et* **E** *in marg.*, *probante And.* || **15** vocis ille . . . videtur *Rhen.*, *at cf. L. Valm. Boll. di fil. class. 27, 14* || **17** ad os *om.* **c** || **18** ulixen **Y** Ulixem *vel* ulyssem *vel* Ulyxen *rell. ac similia v. 23* || **20** astiburgiumque **b**[1] Assiburgiumque **C** Asciburgumque **E** || **21** hodie **Y** (hodie ⟨quo⟩que *Mosler*) | colitur **E** incolatur *al.* || **22** nominatumque *ασκιπυϱγιον* **BYE**, nominatumque *et in marg.* deest **b**; *signum lacunae vix iure posuit Haupt* || **23** eo **C** || **24** monimentaque **BCE**

tis neque refellere in animo est: ex ingenio suo quisque demat vel addat fidem.

cf. Rud. Fuld., Translat. Sancti Alexandri 1, 1

4. Ipse eorum opinionibus accedo, qui Germaniae populos nullis aliis aliarum nationum conubiis infectos propriam et sinceram et tantum sui similem gentem extitisse arbitrantur. unde habitus quoque corporum, tamquam in tanto hominum numero, idem omnibus: truces et caerulei oculi, rutilae comae, magna corpora et tantum ad impetum valida. laboris atque operum non eadem patientia, minimeque sitim aestumque tolerare, frigora atque inediam caelo solove assueverunt.

1 5. Terra etsi aliquanto specie differt, in universum ta-
men aut silvis horrida aut paludibus foeda, humidior
qua Gallias, ventosior qua Noricum ac Pannoniam
aspicit; satis ferax, frugiferarum arborum impatiens,
pecorum fecunda, sed plerumque improcera. ne armentis
quidem suus honor aut gloria frontis: numero gaudent,
2 eaeque solae et gratissimae opes sunt. argentum et
aurum propitiine an irati dii negaverint dubito. nec
tamen affirmaverim nullam Germaniae venam argentum
aurumve gignere: quis enim scrutatus est? possessione
3 et usu haud perinde afficiuntur. est videre apud illos
argentea vasa legatis et principibus eorum muneri data
non in alia vilitate quam quae humo finguntur; quam-
quam proximi ob usum commerciorum aurum et argen-
tum in pretio habent formasque quasdam nostrae pecu-
niae agnoscunt atque eligunt: interiores simplicius et
antiquius permutatione mercium utuntur. pecuniam

3 opinioni *C. Meiser* || 4 aliis *del. Lips. et om. Meginhardus* || 5 *et* 9 tantum] tamen **C** || 6 habitus corporum quoque **C** || 7 tamquam Rud. **Y** *et* **B** *in marg. (cf. Hist. I 8,1), lect. suo iure tuetur And.:* quamquam **BbE** *et* c *supra l. (cf. E. Fehrle, Schweiz. Arch. f. Volkskunde 26 [1926] 234 adn.)* || 8 ceruli B^1b *et* **E** *supra l.* || 11 soloque *al.* | assueuerunt **Y** assueuerint *superscr.* u **E**, assuerunt b *et* **B** *superscr.* int || 12 aliquantum *Ern. et Halm coll. Agr. 24,2* haud multum ... differunt || 14 Gallias] s *del.* b | ac] aut **C** || 15 ferax *om.* **C** | patiens *Tross et Lundström, at cf. J. Schmaus Bl. bayr. Gymn. 58 (1922) 23 sqq.* || 16 pecudum b^1 | pleraque *Lips.* || 17 aut] et *Gud., at cf. Loefst., Syntactica* I^2 *1942 p. 347,3* || 18 dapes B^1 || 19 propitii **Y** || 22 et] etiam **B** | perinde bB^1 *et* **E** *supra l.* proinde **Y**B^2**E** || 24 alia utilitate *al.*

probant veterem et diu notam, serratos bigatosque. argentumque magis quam aurum sequuntur, nulla affectione animi, sed quia numerus argenteorum facilior usui est promiscua ac vilia mercantibus.

6. Ne ferrum quidem superest, sicut ex genere telorum 1
colligitur. rari gladiis aut maioribus lanceis utuntur:
hastas vel ipsorum vocabulo frameas gerunt angusto et
brevi ferro, sed ita acri et ad usum habili, ut eodem telo,
prout ratio poscit, vel cominus vel eminus pugnent. et
eques quidem scuto frameaque contentus est, pedites et
missilia spargunt, pluraque singuli, atque in inmensum
vibrant, nudi aut sagulo leves. nulla cultus iactatio;
scuta tantum lectissimis coloribus distinguunt. paucis
loricae, vix uni alterive cassis aut galea. equi non forma, 2
non velocitate conspicui. sed nec variare gyros in morem
nostrum docentur: in rectum aut uno flexu dextros
agunt, ita coniuncto orbe, ut nemo posterior sit. in uni- 3
versum aestimanti plus penes peditem roboris; eoque
mixti proeliantur, apta et congruente ad equestrem
pugnam velocitate peditum, quos ex omni iuventute de-
lectos ante aciem locant. definitur et numerus: centeni
ex singulis pagis sunt, idque ipsum inter suos vocantur,
et quod primo numerus fuit, iam nomen et honor est.
acies per cuneos componitur. cedere loco, dummodo 4
rursus instes, consilii quam formidinis arbitrantur. cor-
pora suorum etiam in dubiis proeliis referunt. scutum
reliquisse praecipuum flagitium, nec aut sacris adesse

1 argentumque *H. Schütz et Gud.*: argentum **E** argentum quoque *reliqui* || **2** affectione **Y** affectatione **XE** || **5** nec **C** || **11** plura *al.* | in *om.* **Bb**[1] || **13** laetissimis **C** | distinguuntur *cod. Humm.* || **14** galea *Rhen.*: galeae (galea est *Mützell*) || **15** [sed] nec variare . . . ⟨sed⟩ in rectum *Wolterstorff* | uarietate **bE** || **16** dextros ⟨vel sinistros⟩ *Mf.*, *at cf. Roll Hum. Gymn. 42 (1938) 82, 1* || **17** coniuncto *et in marg.* cuncto **BE** cuncto *et s. l.* coniuncto **b** cuncto *et s. l.* coniucto **c** concto **C** (iuncto *Baehr.*) || **18** existimanti **Y** | [eoque mixti ... (*v. 21*) locant] *Fr. Frahm Hist. Vierteljahrsschr. 24, 145 sqq.*, *haud probabiliter* || **20** dilectos **B** *s. l.* || **21** centeni ... numerus *om.* **C** || **23** quod] quidem **Bb**[1] | primo *ac s. l.* mum (*quod praefert Rob.*) **E** primo *ac s. l.* us **Bb**, *sed in* **b** us *erasum* || **25** formidinis *corr.* **b** *ex* fortitudinis || **26** et in **C**

aut concilium inire ignominioso fas, multique super-
stites bellorum infamiam laqueo finierunt.
1 7. Reges ex nobilitate, duces ex virtute sumunt. nec
regibus infinita aut libera potestas, et duces exemplo
potius quam imperio, si prompti, si conspicui, si ante
aciem agant, admiratione praesunt. ceterum neque
animadvertere neque vincire, ne verberare quidem nisi
sacerdotibus permissum, non quasi in poenam nec ducis
iussu, sed velut deo imperante, quem adesse bellantibus
2 credunt. effigiesque et signa quaedam detracta lucis in
proelium ferunt; quodque praecipuum fortitudinis in-
citamentum est, non casus nec fortuita conglobatio tur-
mam aut cuneum facit, sed familiae et propinquitates;
et in proximo pignora, unde feminarum ululatus audiri,
unde vagitus infantium. hi cuique sanctissimi testes, hi
maximi laudatores: ad matres, ad coniuges vulnera
ferunt; nec illae numerare aut exigere plagas pavent,
cibosque et hortamina pugnantibus gestant.
1 8. Memoriae proditur quasdam acies inclinatas iam
et labantes a feminis restitutas constantia precum et
obiectu pectorum et monstrata cominus captivitate, quam
longe impatientius feminarum suarum nomine timent,
adeo ut efficacius obligentur animi civitatum, quibus
2 inter obsides puellae quoque nobiles imperantur. inesse
quin etiam sanctum aliquid et providum putant, nec aut
consilia earum aspernantur aut responsa neglegunt.
vidimus sub divo Vespasiano Veledam diu apud pleros-
que numinis loco habitam; sed et olim Albrunam et
compluris alias venerati sunt, non adulatione nec tam-
quam facerent deas.

1 consilium B^{2}C || **4** aut] ac Y, *probantibus Rob. atque And.* | et] etiam **X** || **6** agunt C || **7** ne] neque E || **9** imper⟨it⟩ante *Gud.* || **10** effigies E || **12** nec] neque b || **13** et Yb^{2}E aut Bb^1 || **14** ululatus foeminarum C | audiri: *cf. E. Norden NJbb. 31 (1913) 663 adn.* || **17** enumerare b | aut] et Y || **18** et *om.* C || **24** nubiles b^2 | imperentur b^1 || **27** Veledam BcE Valedam C uoledam b || **28** Albrunam *Wackernagel (cf. Much Comm. p. 119):* auriniam BbCE fluriniam c Albriniam BE *in marg.*, bc *s. l.* *(cf. Till l. c. p. 91)* || **29** complures Y | neque b

9. Deorum maxime Mercurium colunt, cui certis die- 1
bus humanis quoque hostiis litare fas habent. [Her-
culem et] Martem concessis animalibus placant. pars
Sueborum et Isidi sacrificat: unde causa et origo pere-
grino sacro, parum comperi, nisi quod signum ipsum in cf. Rud.Fuld. 2,3
modum liburnae figuratum docet advectam religionem.
ceterum nec cohibere parietibus deos neque in ullam 2
humani oris speciem assimulare ex magnitudine cae-
lestium arbitrantur: lucos ac nemora consecrant deo-
rumque nominibus appellant secretum illud, quod sola
reverentia vident.

10. Auspicia sortesque ut qui maxime observant. sor- 1
tium consuetudo simplex. virgam frugiferae arbori
decisam in surculos amputant eosque notis quibusdam
discretos super candidam vestem temere ac fortuito
spargunt. mox, si publice consultetur, sacerdos civitatis,
sin privatim, ipse pater familiae precatus deos caelum-
que suspiciens ter singulos tollit, sublatos secundum
impressam ante notam interpretatur. si prohibuerunt,
nulla de eadem re in eundem diem consultatio; sin per-
missum, auspiciorum adhuc fides exigitur. et illud qui- 2
dem etiam hic notum, avium voces volatusque interro- cf. Rud.Fuld. 2,5
gare: proprium gentis equorum quoque praesagia ac
monitus experiri. publice aluntur iisdem nemoribus ac
lucis, candidi et nullo mortali opere contacti; quos
pressos sacro curru sacerdos ac rex vel princeps civi-
tatis comitantur hinnitusque ac fremitus observant. nec
ulli auspicio maior fides, non solum apud plebem: apud
proceres, apud sacerdotes; se enim ministros deorum,

2 [Herculem et] *Ritt., cf. E. Norden, Germ. Urgesch. p. 173 et 503:* H. et (ac Y) M. c. a. placant Y E M. c. a. placant et Herculem X || 4 peregrinorum C || 8 adsimilare Rud. assimilare E || 10 nominibus bc *s. l.* numinibus c || 12 conseruant C || 13 est simplex C || 16 consultetur *Haase et Halm:* consuletur (consulatur *Rhen.*, consulitur *Walch*, consultatur *Gud.*) || 23 equorumque praesagia C || 25 equi candidi b *in marg.* || 27 hinnitus ac Y || 28 non solum apud plebem: apud proceres, apud sacerdotes Xc, *rest. P. Persson, cf. N. Eriksson, Stud. z. d. Ann. d. Tac., Diss. Lund 1934 p. 83 sq.:* n. s. a. p., sed apud p., a. s. C *et* E *s. l.* (n. s. a. p., a. p., sed apud s. *Mf.*, n. s. a. p., sed apud proceres; sacerdotes enim ministros *Wölffl.*, *vix recte*)

3 illos conscios putant. est et alia observatio auspiciorum,
qua gravium bellorum eventus explorant. eius gentis,
cf. Rud. Fuld. 2,5 cum qua bellum est, captivum quoquo modo intercep-
tum cum electo popularium suorum, patriis quemque
armis, committunt: victoria huius vel illius pro prae-
iudicio accipitur.

1 11. De minoribus rebus principes consultant, de maio-
ribus omnes, ita tamen, ut ea quoque, quorum penes ple-
bem arbitrium est, apud principes praetractentur. coeunt,
cf Rud. Fuld. 2,6 nisi quid fortuitum et subitum incidit, certis diebus,
cum aut inchoatur luna aut impletur; nam agendis rebus
hoc auspicatissimum initium credunt. nec dierum nume-
rum, ut nos, sed noctium computant. sic constituunt, sic
condicunt: nox ducere diem videtur. illud ex libertate
vitium, quod non simul nec ut iussi conveniunt, sed et
alter et tertius dies cunctatione coeuntium absumitur.
2 ut turbae placuit, considunt armati. silentium per sacer-
dotes, quibus tum et coercendi ius est, imperatur. mox
rex vel principes, prout aetas cuique, prout nobilitas,
prout decus bellorum, prout facundia est, audiuntur,
auctoritate suadendi magis quam iubendi potestate. si
displicuit sententia, fremitu aspernantur; sin placuit,
frameas concutiunt: honoratissimum assensus genus est
armis laudare.

1 12. Licet apud concilium accusare quoque et discrimen
capitis intendere. distinctio poenarum ex delicto: prodi-
tores et transfugas arboribus suspendunt, ignavos et
inbelles et corpore infames caeno ac palude, iniecta in-
super crate, mergunt. diversitas supplicii illuc respicit,
tamquam scelera ostendi oporteat, dum puniuntur, fla-
2 gitia abscondi. sed et levioribus delictis pro modo poena:
equorum pecorumque numero convicti multantur. pars

1 istos Bb^1 || **2** explorant YE explorantur b^1 exploratur b^2B || **3** quo modo C || **4** depopularium E || **9** praetractentur c *et corr.* C pertractentur XCE (*lect. praefert Wiss.*) || **10** inciderit E || **15** nec iniussi E || **16** coeuntium] caetuum E || **17** turba *J. Fr. Gron.* || **18** tum c cum C tamen X tamen *et in marg.* tantum E || **19** principes *Perizonius:* princeps (*cf. 12, 3*) || **25** consilium Y || **30** supplicia b^1 flagitia b^2 *in marg.* || **31** sed ẽt b | poena *Acid.:* poenarum || **32** mulctantur Eb

multae regi vel civitati, pars ipsi, qui vindicatur, vel
propinquis eius exsolvitur. eliguntur in iisdem conciliis 3
et principes, qui iura per pagos vicosque reddunt; cen-
teni singulis ex plebe comites consilium simul et aucto-
ritas adsunt.

13. Nihil autem neque publicae neque privatae rei nisi
armati agunt. sed arma sumere non ante cuiquam moris,
quam civitas suffecturum probaverit. tum in ipso con-
cilio vel principum aliquis vel pater vel propinqui scuto
frameaque iuvenem ornant: haec apud illos toga, hic
primus iuventae honos; ante hoc domus pars videntur,
mox rei publicae. insignis nobilitas aut magna patrum 2
merita principis dignationem etiam adulescentulis assi-
gnant; ceteri robustioribus ac iam pridem probatis
aggregantur, nec rubor inter comites aspici. gradus quin
etiam ipse comitatus habet, iudicio eius quem sectantur;
magnaque et comitum aemulatio, quibus primus apud
principem suum locus, et principum, cui plurimi et
acerrimi comites. haec dignitas, hae vires, magno sem- 3
per et electorum iuvenum globo circumdari, in pace de-
cus, in bello praesidium. nec solum in sua gente cuique,
sed apud finitimas quoque civitates id nomen, ea gloria
est, si numero ac virtute comitatus emineat; expetuntur
enim legationibus et muneribus ornantur et ipsa plerum-
que fama bella profligant.

14. Cum ventum in aciem, turpe principi virtute vinci, 1
turpe comitatui virtutem principis non adaequare. iam
vero infame in omnem vitam ac probrosum superstitem
principi suo ex acie recessisse: illum defendere tueri,
sua quoque fortia facta gloriae eius assignare prae-
cipuum sacramentum est: principes pro victoria pu-

1 mulctae | uindicatur YEb^2 uindicauit Bb^1 || **3** principes *ex* princeps *corr.* b | reddant *Ern.* || **7** cuique C || **8** tum Cc^{1}b^2 cum Bb^{1}c^{2}E || **9** pater] ipsi E | propinquvs (v *corr. ex* i) C propinquus c || **13** dignitatem X | adolescentibus E || **14** ceteri *Lips.*: ceteris (ceterum *Koest. coll. 25, 1;* certis *Gud.*) || **15** aggregantur. nec rubor *Wiss.* | rubori *Ern., at cf. Loefst., Syntactica* I^2 *1942 p. 197* || **16** etiam et ipse E || **17** quibus] cui *Acid.* || **19** haec uires bC, *sed in* b c *del.* || **20** et electorum E electorum XY || **21** cuique *om.* E || **27** uirtute principem E | aequare Y || **28** uiro b || **30** eius *om.* b

2 gnant, comites pro principe. si civitas, in qua orti sunt,
longa pace et otio torpeat, plerique nobilium adulescen-
tium petunt ultro eas nationes, quae tum bellum aliquod
gerunt, quia et ingrata genti quies et facilius inter
ancipitia clarescunt magnumque comitatum non nisi vi
belloque tueare; exigunt enim principis sui liberalitate
illum bellatorem equum, illam cruentam victricemque
frameam; nam epulae et quamquam incompti, largi
3 tamen apparatus pro stipendio cedunt. materia muni-
ficentiae per bella et raptus. nec arare terram aut ex-
spectare annum tam facile persuaseris quam vocare
hostem et vulnera mereri; pigrum quin immo et iners
videtur sudore acquirere quod possis sanguine parare.
1 15. Quotiens bella non ineunt, [non] multum venati-
bus, plus per otium transigunt, dediti somno ciboque,
fortissimus quisque ac bellicosissimus nihil agens, dele-
gata domus et penatium et agrorum cura feminis senibus-
que et infirmissimo cuique ex familia: ipsi hebent, mira
diversitate naturae, cum iidem homines sic ament iner-
2 tiam et oderint quietem. mos est civitatibus ultro ac
viritim conferre principibus vel armentorum vel frugum,
quod pro honore acceptum etiam necessitatibus subvenit.
gaudent praecipue finitimarum gentium donis, quae non
modo a singulis, sed et publice mittuntur, electi equi,
magn⟨ific⟩a arma, phalerae torquesque; iam et pecuniam
accipere docuimus.
1 16. Nullas Germanorum populis urbes habitari satis
notum est, ne pati quidem inter se iunctas sedes. colunt
discreti ac diversi, ut fons, ut campus, ut nemus placuit.
vicos locant non in nostrum morem conexis et cohaeren-
tibus aedificiis: suam quisque domum spatio circumdat,

2 adolescentum E || **3** tum] cum CE || **6** tueare Y tuer̃ *in fine v.* E tuentur X | ⟨a⟩ principis *Acid., at cf. Wiss. GGA.* ***1916***, *672* || **7** illamque E || **12** uolnera B *ac sim. alias* | et *post. om.* C || **14** non *ante* multum *del. Acid., def. Strache et Wiss., at cf. Norden l. c. p. 106 et 316* || **17** penatum E || **18** habent bC | miram diuersitatem b^2 || **21** principibus ⟨aliquid⟩ *ed. Vienn. a. 1509* || **24** et *om.* C || **25** magn⟨ific⟩a *Baehr. et Meiser (cf. c. 34,2):* magna *prob. Perret* || **27** nullis E || **30** locant *et in marg.* longant E longant *et s. l.* locant B | et *om.* E

sive adversus casus ignis remedium sive inscientia aedifi-
candi. ne caementorum quidem apud illos aut tegularum 2
usus: materia ad omnia utuntur informi et citra speciem
aut delectationem. quaedam loca diligentius illinunt terra
ita pura ac splendente, ut picturam ac liniamenta colo-
rum imitetur. solent et subterraneos specus aperire eos- 3
que multo insuper fimo onerant, suffugium hiemi⟨s⟩ et
receptaculum frugibus, quia rigorem frigorum eius
modi loci molliunt, et si quando hostis advenit, aperta
populatur, abdita autem et defossa aut ignorantur aut
eo ipso fallunt, quod quaerenda sunt.

17. Tegumen omnibus sagum fibula aut, si desit, spina 1
consertum: cetera intecti totos dies iuxta focum atque
ignem agunt. locupletissimi veste distinguuntur, non
fluitante, sicut Sarmatae ac Parthi, sed stricta et singu-
los artus exprimente. gerunt et ferarum pelles, proximi
ripae neglegenter, ulteriores exquisitius, ut quibus nullus
per commercia cultus. eligunt feras et detracta velamina
spargunt maculis pellibusque beluarum, quas exterior
Oceanus atque ignotum mare gignit. nec alius feminis 2
quam viris habitus, nisi quod feminae saepius lineis
amictibus velantur eosque purpura variant, partemque
vestitus superioris in manicas non extendunt, nudae
brachia ac lacertos; sed et proxima pars pectoris patet.

18. Quamquam severa illic matrimonia, nec ullam mo- 1
rum partem magis laudaveris. nam prope soli barbaro-
rum singulis uxoribus contenti sunt, exceptis admodum
paucis, qui non libidine, sed ob nobilitatem plurimis
nuptiis ambiuntur. dotem non uxor marito, sed uxori 2
maritus offert. intersunt parentes et propinqui ac munera

1 inscientia *Hersf. teste Dec.:* inscitia || **2** nec c || **5** lineamenta BCE | celorum C (corporum *Köchly*) || **6** imitentur Ec || **7** hiemis *Reiff.:* hiemi || **9** loci *Acid.:* locis || **10** populatio E | [autem] *Mur.* || **12** tegmen c (tegimen *Furneaux*) | figula b || **16** ferunt B b^{1} | proximi ripae exquisitius, ulteriores negligenter *Carrio* || **18** vellera *Baehr.* || **23** superiorem *P. Voss Tidsskr. f. fil. 7, 112* || **28** plurimis] pluribus *Halm* (pluris nuptiis ambiunt *Weidner Philol. 47, 368*) || **29** 18. Dotem *Andr.* || **30** et] ac b (aut *Gud.*) | ac munera *del. Lachmann,* munera *del. Haase priore loco, posteriore Bernhardy, tuetur Baehr. coll. Propert. 1, 3, 25*

probant, munera non ad delicias muliebres quaesita nec
quibus nova nupta comatur, sed boves et frenatum
equum et scutum cum framea gladioque. in haec munera
uxor accipitur, atque in vicem ipsa armorum aliquid viro
affert: hoc maximum vinculum, haec arcana sacra, hos
3 coniugales deos arbitrantur. ne se mulier extra virtu-
tum cogitationes extraque bellorum casus putet, ipsis
incipientis matrimonii auspiciis admonetur venire se
laborum periculorumque sociam, idem in pace, idem in
proelio passuram ausuramque: hoc iuncti boves, hoc
paratus equus, hoc data arma denuntiant. sic vivendum,
sic pereundum: accipere se quae liberis inviolata ac
digna reddat, quae nurus accipiant rursusque ad nepo-
tes referantur.
1 19. Ergo saepta pudicitia agunt, nullis spectaculorum
illecebris, nullis conviviorum irritationibus corruptae.
litterarum secreta viri pariter ac feminae ignorant. pau-
cissima in tam numerosa gente adulteria, quorum poena
praesens et maritis permissa: abscisis crinibus nudatam
coram propinquis expellit domo maritus ac per omnem
vicum verbere agit; publicatae enim pudicitiae nulla
venia: non forma, non aetate, non opibus maritum in-
venerit. nemo enim illic vitia ridet, nec corrumpere et
2 corrumpi saeculum vocatur. melius quidem adhuc eae
civitates, in quibus tantum virgines nubunt et cum spe
votoque uxoris semel transigitur. sic unum accipiunt
maritum quo modo unum corpus unamque vitam, ne
ulla cogitatio ultra, ne longior cupiditas, ne tamquam
maritum, sed tamquam matrimonium ament. numerum
liberorum finire aut quemquam ex agnatis necare flagi-

5 hoc] haec **Y** || **8** incipientibus **b** || **10/11** hęc—hęc—hęc **C** || **11** renuntiant **E** | uiuentes **E** || **12** pereundum **b** periendum *al.* pariendum **BY** parientes **E** | inviolata reddat ac digna *Acid.* || **13** reddant **C** | rursusquae **Y** || **15** saeptae *al.* | pudicitie **E** || **19** abscisis **E** accisis **bc** (*lect. def. Wiss. Herm. 51 [1916] 318*) adcisis **B** accissis **C** || **21** [enim] *Nipp.*, enim⟨vero⟩ *Madv.* (etiam *Lips.*) || **22** inuenit **Y** (⟨iterum⟩ invenerit *Westerwick*) || **28** ne tamquam matrimonium, sed tamquam maritum *Grot. probante Gud.* (ne tamquam matrimonium, sed maritum *Much*); tamquam *post* sed *spurium videtur Guilelmo Christ* || **30** quemque **Y** | ex natis *Lips.*

tium habetur, plusque ibi boni mores valent quam alibi
bonae leges.
20. In omni domo nudi ac sordidi in hos artus, in haec 1
corpora, quae miramur, excrescunt. sua quemque mater
uberibus alit, nec ancillis aut nutricibus delegantur.
dominum ac servum nullis educationis deliciis dignoscas:
inter eadem pecora, in eadem humo degunt, donec aetas
separet ingenuos, virtus agnoscat. sera iuvenum venus, 2
eoque inexhausta pubertas. nec virgines festinantur;
eadem iuventa, similis proceritas: pares validaeque
miscentur, ac robora parentum liberi referunt. sororum 3
filiis idem apud avunculum qui apud patrem honor.
quidam sanctiorem artioremque hunc nexum sanguinis
arbitrantur et in accipiendis obsidibus magis exigunt,
tamquam et animum firmius et domum latius teneant.
heredes tamen successoresque sui cuique liberi, et
nullum testamentum. si liberi non sunt, proximus gradus in possessione fratres patrui avunculi. quanto plus
propinquorum, quanto maior affinium numerus, tanto
gratiosior senectus; nec ulla orbitatis pretia.
21. Suscipere tam inimicitias seu patris seu propinqui 1
quam amicitias necesse est; nec implacabiles durant;
luitur enim etiam homicidium certo armentorum ac
pecorum numero recipitque satisfactionem universa
domus, utiliter in publicum, quia periculosiores sunt
inimicitiae iuxta libertatem.

Convictibus et hospitiis non alia gens effusius indul- 2
get. quemcumque mortalium arcere tecto nefas habetur;
pro fortuna quisque apparatis epulis excipit. cum defecere, qui modo hospes fuerat, monstrator hospitii et
comes; proximam domum non invitati adeunt. nec
interest: pari humanitate accipiuntur. notum ignotumque quantum ad ius hospitis nemo discernit. abeunti, si

3 ac] atque E || **5** aut] ac EY || **6** dinoscas EBC || **6** inexaucta E || **12** qui apud b: qui ad BYE, *prob. Préaux* || **15** et in animum *libri* (et in ⟨ligent⟩ animum *P. Voss*, in⟨de⟩ et animum *Koest.*) || **19** quanto *vir doctus in marg. cod. Urb. 412:* tanto BYE quo b *in litura* | maior *ex* magis *corr.* b || **20** gratior E *in marg., s. l.* Bc || **21** seu patris seu propinqui *om.* C || **27** aliqua X || **29** defeceret C defecerit c

quid poposcerit, concedere moris; et poscendi in vicem eadem facilitas. gaudent muneribus, sed nec data imputant nec acceptis obligantur. [victus inter hospites communis.]

1 22. Statim e somno, quem plerumque in diem extra-
hunt, lavantur, saepius calida, ut apud quos plurimum
hiems occupat. lauti cibum capiunt: separatae singulis
sedes et sua cuique mensa. tum ad negotia nec minus
saepe ad convivia procedunt armati. diem noctemque
continuare potando nulli probrum. crebrae, ut inter
vinolentos, rixae raro conviciis, saepius caede et vul-
2 neribus transiguntur. sed et de reconciliandis invicem
inimicis et iungendis affinitatibus et asciscendis prin-
cipibus, de pace denique ac bello plerumque in conviviis
consultant, tamquam nullo magis tempore aut ad sim-
plices cogitationes pateat animus aut ad magnas in-
3 calescat. gens non astuta nec callida aperit adhuc secreta
pectoris licentia loci; ergo detecta et nuda omnium mens.
postera die retractatur, et salva utriusque temporis ratio
est: deliberant, dum fingere nesciunt, constituunt, dum
errare non possunt.

23. Potui humor ex hordeo aut frumento, in quandam similitudinem vini corruptus; proximi ripae et vinum mercantur. cibi simplices, agrestia poma, recens fera aut lac concretum: sine apparatu, sine blandimentis expellunt famem. adversus sitim non eadem temperantia. si indulseris ebrietati suggerendo quantum concupiscunt, haud minus facile vitiis quam armis vincentur.

1 24. Genus spectaculorum unum atque in omni coetu
idem: nudi iuvenes, quibus id ludicrum est, inter gladios

1 poposcerunt **B** poposceris **b**[1] || **2** facultas **c** || **3** *verba inclusa Bleterius ex nota marginali illata esse intellexit. genuina ea esse contenderunt P. Persson et Much, at cf. Norden p. 454 sqq. et 498* (*post p. 17, 28* habetur *transpos. Perret*) | homines **C** || **4** communis *Longolius:* com̄is **B** comis **bYE** || **5** e] enim **Bb**[1]**E** || **7** hiemis **c** hyemis **E** | occupet *Prammer* || **11** uinulentos **CE** || **12** transfiguntur **b** | sed de **Y** || **17** nec] aut **E** | adhec **X** || **18** loci **X***corr.* ioci *rell.* | mens. postera] *sic distinxit Passow* || **19** ⟨res⟩ retractatur *Meiser prob. Hanslik* || **27** [si indulseris—vincentur] *Gud., haud probabiliter*

se atque infestas frameas saltu iaciunt. exercitatio artem
paravit, ars decorem, non in quaestum tamen aut mer-
cedem: quamvis audacis lasciviae pretium est voluptas
spectantium. aleam, quod mirere, sobrii inter seria 2
exercent, tanta lucrandi perdendive temeritate, ut, cum
omnia defecerunt, extremo ac novissimo iactu de libertate
ac de corpore contendant. victus voluntariam servitutem
adit: quamvis iuvenior, quamvis robustior alligari se ac
venire patitur. ea est in re prava pervicacia, ipsi fidem
vocant. servos condicionis huius per commercia tradunt,
ut se quoque pudore victoriae exsolvant.

25. Ceterum servis non in nostrum morem, descriptis 1
per familiam ministeriis, utuntur: suam quisque sedem,
suos penates regit. frumenti modum dominus aut pecoris
aut vestis ut colono iniungit, et servus hactenus paret:
cetera domus officia uxor ac liberi exsequuntur. verbe-
rare servum ac vinculis et opere coercere rarum: occidere
solent, non disciplina et severitate, sed impetu et ira, ut
inimicum, nisi quod impune est. liberti non multum 2
supra servos sunt, raro aliquod momentum in domo,
numquam in civitate, exceptis dumtaxat iis gentibus
quae regnantur. ibi enim et super ingenuos et super
nobiles ascendunt: apud ceteros impares libertini liber-
tatis argumentum sunt.

26. Faenus agitare et in usuras extendere ignotum; 1
ideoque magis servatur quam si vetitum esset. agri pro 2
numero cultorum ab universis in vicem occupantur, quos
mox inter se secundum dignationem partiuntur; facilita-

1 excitatio Y || **2** parat C | mercede C || **4** expectantium BY | miretur C || **6** defecerint b | iactu *corr. ex* actu bC || **12** ceterum *Ed. Wolff:* ceteris, *cf. Ann. 13, 31 v. 6, ubi in Med. est* ceterae coloniae *pro* ceterum coloniae | discriptis *Reiff.* || **13** ministris Bb^1 || **15** et] ut Bb^1E || **16** exequantur Y | uerberant E || **17** uinclis C || **19** est *om.* E | liberti . . . argumentum sunt] *haec* Bb *post* ignorantur *(c. 26 extr.) habent, sed* b *hic quoque in imo margine habet hac nota adiecta:* in hoc loco potius, *et omissis verbis* et super ingenuos || **21** his E || **24** sunt *om.* C (est c) || **25** igno⟨minio⟩sum *Thiersch* || **26** serva⟨n⟩tur *Reeb,* ⟨a⟩versantur *Salmasius* || **27** invicem b, *def. Gud. et Dopsch* uices C uices c in uices BE *prob. Préaux,* vicis *cod. Bamberg. teste Lips., probantibus Waitz et Rob.* (vicinis *Hildebrand,* [vices] *Halm et Buechner,* ⟨per⟩ vicos *Pich.*)

3 tem partiendi camporum spatia praestant. arva per annos mutant, et superest ager. nec enim cum ubertate et amplitudine soli labore contendunt, ut pomaria conserant et prata separent et hortos rigent: sola terrae seges impera-
4 tur. unde annum quoque ipsum non in totidem digerunt species: hiems et ver et aestas intellectum ac vocabula habent, autumni perinde nomen ac bona ignorantur.

1 27. Funerum nulla ambitio: id solum observatur, ut corpora clarorum virorum certis lignis crementur. struem rogi nec vestibus nec odoribus cumulant: sua cuique arma, quorundam igni et equus adicitur. sepulcrum caespes erigit: monumentorum arduum et operosum honorem ut gravem defunctis aspernantur. lamenta ac lacrimas cito, dolorem et tristitiam tarde ponunt. feminis lugere honestum est, viris meminisse.

2 Haec in commune de omnium Germanorum origine ac moribus accepimus; nunc singularum gentium instituta ritusque, quatenus differant, quae⟨que⟩ nationes e Germania in Gallias commigraverint, expediam.

1 28. Validiores olim Gallorum res fuisse summus auctorum Divus Iulius tradit; eoque credibile est etiam Gallos in Germaniam transgressos. quantulum enim amnis obstabat quominus, ut quaeque gens evaluerat, occuparet permutaretque sedes promiscuas adhuc et
2 nulla regnorum potentia divisas? igitur inter Hercyniam silvam Rhenumque et Moenum amnes Helvetii, ulteriora Boii, Gallica utraque gens, tenuere. manet adhuc Boihaemi nomen significatque loci veterem memoriam

1 praestant BCE praebent bc *et* B *s. l. et* E *in marg.* || **3** labore BCb^2c^1 *et* E *in marg.* laborare B *in marg.* b^1c^2E || **4** ut hortos Bb^1cE || **8** obseruant b || **10** coloribus E || **11** equis E | sepulchrum E || **14** promunt c || **18** quae⟨que⟩ *Halm:* quae (quae . . . commigraverint *inclusit Reiff. auctore Heimsoethio*) | nationes ⟨e Galliis in Germaniam,⟩ e Germania *Nipp., haud probabiliter* || **20** autor X || **21** etiam] et C || **24** permutaret C || **25** diuersas Cb^2 | igitur ⟨quantum agri porrigitur⟩ inter *Wölffl.* | hircyniam Bb^1 hercinam C hercynam c hercyniam b^2 || **26** silvam *om.* C || **27** Boi E | utraque *om.* b | Boihemi ECB (B *in marg.* Boiiemionem) boi$\overset{h}{e}$mi b bohemi *post* nomen c; *de scriptura nominis v. Mf. p. 557* || **28** signatque bc | coli *Weidner Philol. 41, 367*

quamvis mutatis cultoribus. sed utrum Aravisci in 3
Pannoniam ab Osis, Germanorum natione, an Osi ab
Araviscis in Germaniam commigraverint, cum eodem
adhuc sermone institutis moribus utantur, incertum est,
quia pari olim inopia ac libertate eadem utriusque ripae
bona malaque erant. Treveri et Nervii circa affecta- 4
tionem Germanicae originis ultro ambitiosi sunt, tamquam per hanc gloriam sanguinis a similitudine et inertia Gallorum separentur. ipsam Rheni ripam haud dubie Germanorum populi colunt, Vangiones Triboci Nemetes. ne Ubii quidem, quamquam Romana colonia esse meruerint ac libentius Agrippinenses conditoris sui nomine vocentur, origine erubescunt, transgressi olim et experimento fidei super ipsam Rheni ripam collocati, ut arcerent, non ut custodirentur.

29. Omnium harum gentium virtute praecipui Batavi 1
non multum ex ripa, sed insulam Rheni amnis colunt, Chattorum quondam populus et seditione domestica in eas sedes transgressus, in quibus pars Romani imperii fierent. manet honos et antiquae societatis insigne; nam nec tributis contemnuntur nec publicanus atterit: exempti oneribus et collationibus et tantum in usum proeliorum sepositi, velut tela atque arma, bellis reser-
vantur. est in eodem obsequio et Mattiacorum gens; 2
protulit enim magnitudo populi Romani ultra Rhenum ultraque veteres terminos imperii reverentiam. ita sede finibusque in sua ripa, mente animoque nobiscum agunt, cetera similes Batavis, nisi quod ipso adhuc terrae suae solo et caelo acrius animantur.

2 ab Osis *vir doctus in marg. cod. Urb. 412:* a Boiis Bb^{1}Y (osis b^2 *in marg.*) a Bois E | [Germanorum natione] *Passow, at cf. Wiss. GGA. 1916, 672* | osci C || **4** u$\overset{h}{\text{t}}$untur C || **5** quia] qua B, *ut vid.*, qui b^1 || **6** Nervii *Rhen.:* Neruli ($\overset{h}{\text{n}}$eruli b) | citra b^1 || **7** germanae b || **10** dubii *Heins.* | treboci C || **11** ne Ubii *Gruter:* nubii ($\overset{h}{\text{n}}$ubii b *et in marg.* Ubii b^2) || **12** ⟨e⟩ conditoris *Acid.* || **14** collati E || **16** praecipui *om.* E | batáui b batauii BCcE *et* b^2 *in marg.* batii c *s.l.* || **18** cattorum B^{1}b cathorum E *ac sic deinceps* | populis Y || **22** collocationibus BE *in marg. et* c *s.l.*, *cf.* E *v.14* || **24** matiacorum || **28** batauis b Battauis E | quod in ipso C (quod ⟨hi⟩ ipso *Riese et Rob.*)

3 Non numeraverim inter Germaniae populos, quamquam trans Rhenum Danuviumque consederint, eos qui decumates agros exercent: levissimus quisque Gallorum et inopia audax dubiae possessionis solum occupavere; mox limite acto promotisque praesidiis sinus imperii et pars provinciae habentur.

1 30. Ultra hos Chatti initium sedis ab Hercynio saltu incohant, non ita effusis ac palustribus locis, ut ceterae civitates, in quas Germania patescit, durant siquidem colles, paulatim rarescunt, et Chattos suos saltus Hercy-
2 nius prosequitur simul atque deponit. duriora genti corpora, stricti artus, minax vultus et maior animi vigor. multum, ut inter Germanos, rationis ac sollertiae: praeponere electos, audire praepositos, nosse ordines, intellegere occasiones, differre impetus, disponere diem, vallare noctem, fortunam inter dubia, virtutem inter certa numerare, quodque rarissimum nec nisi Romanae disciplinae concessum, plus reponere in duce quam in
3 exercitu. omne robur in pedite, quem super arma ferramentis quoque et copiis onerant: alios ad proelium ire videas, Chattos ad bellum. rari excursus et fortuita pugna. equestrium sane virium id proprium, cito parare victoriam, cito cedere: velocitas iuxta formidinem, cunctatio propior constantiae est.

1 31. Et aliis Germanorum populis usurpatum raro et privata cuiusque audentia apud Chattos in consensum vertit, ut primum adoleverint, crinem barbamque submittere nec nisi hoste caeso exuere votivum obligatum-

1 numerauimus **C** || **3** decumathes XcE (decumatos *Schnetz*, decumanos *Hertlein*) || **6** par E || **7** hercinio **Y** Hircynio **B** *ac similiter v.10* h$\overset{e}{\text{i}}$rcinio **b** || **8** incohant **Ec** inchoant **C** *et* **b** *corr. ex* inchoatur, incohatur **B** || **9** durans **b** *corr.* | durantes quidem *Gud.*, durantisque dum *F. Zöchbauer* || **10** paulatimque *Rhen.* (⟨quamquam⟩ paulatim *Koest.*) | hercinius **b** || **11** atque **Y**b^2**E** ac **B**b^1 || **12** arcus **Y** arctus **E** | animis **V**, *Humm.* || **13** rationis] romanis **C** || **15** diem] aciem *Weidner* || **17** Romanae] rõẽ **EC** ratione b^2c (*lect. praef. Gud. et Reeb*) || **20** honorant **C** || **21** raro **Y** | *enuntiatum* rari excursus et fortuita pugna *est suspectum* || **22** parere *C. Her.* || **24** proprior **E** propriora **Y** || **25** [et] *Reiff.* | raro **bC** rar$\overset{o}{a}$ **B** rar$\overset{a}{o}$ **E** rara **c** || **26** conuentum **E** || **27** adoleuerit **C**

que virtuti oris habitum. super sanguinem et spolia
revelant frontem seque tum demum pretia nascendi
rettulisse dignosque patria ac parentibus ferunt: ignavis
et imbellibus manet squalor. fortissimus quisque ferreum 2
insuper anulum (ignominiosum id genti) velut vinculum gestat, donec se caede hostis absolvat. plurimis
Chattorum hic placet habitus, iamque canent insignes
et hostibus simul suisque monstrati. omnium penes hos 3
initia pugnarum; haec prima semper acies, visu nova;
nam ne in pace quidem vultu mitiore mansuescunt. nulli
domus aut ager aut aliqua cura: prout ad quemque
venere, aluntur, prodigi alieni, contemptores sui, donec
exsanguis senectus tam durae virtuti impares faciat.

32. Proximi Chattis certum iam alveo Rhenum quique terminus esse sufficiat Usipi ac Tencteri colunt. Tencteri super solitum bellorum decus equestris disciplinae arte praecellunt, nec maior apud Chattos peditum laus quam Tencteris equitum. sic instituere maiores, posteri imitantur. hi lusus infantium, haec iuvenum aemulatio: perseverant senes. inter familiam et penates et iura successionum equi traduntur: excipit filius, non ut cetera, maximus natu, sed prout ferox bello et melior.

33. Iuxta Tencteros Bructeri olim occurrebant: nunc 1
Chamavos et Angrivarios immigrasse narratur, pulsis
Bructeris ac penitus excisis vicinarum consensu nationum, seu superbiae odio seu praedae dulcedine seu
favore quodam erga nos deorum; nam ne spectaculo
quidem proelii invidere. super sexaginta milia non armis
telisque Romanis, sed quod magnificentius est, oblectationi oculisque ceciderunt. maneat, quaeso, duretque 2
gentibus, si non amor nostri, at certe odium sui, quando

2 tum] cum **C** | nascendi **c** n(o)ascendi **E** n(a)oscendi **B** noscendi **bC** || 6 absoluerit **b**[1] || 7 *post* habitus *lacunam suspicatur Rob.* || 8 et **b** *s. l.* || 9 nova] torva *Freinsheim (at cf. 43, 4)* || 10 uultu **XE** cultu **Y** || 11 rura **b**[1] || 13 exangues **b** || 15 ⟨ac⟩colunt *Novák, at cf. P. Persson, Krit.-exeget. Bemerk. z. d. klein. Schr. d. Tac. p. 174* ||
22 et bello melior *Mur.* || 24 chamanos **b** (*in marg.* chama(n)ui) | angrinarios **b**[1] anguiuarios **C** || 25 paene tum *Gud.* || 28 invidere *om.* **E** | supra **E** || 29 celsisque **C** | ro[is] **C**, *cf. p. 22, 17* || 30 oculi **C**

urgentibus imperii fatis nihil iam praestare fortun
maius potest quam hostium discordiam.
1 34. Angrivarios et Chamavos a tergo Dulgubini et
Chasuarii cludunt aliaeque gentes haud perinde memo-
ratae, a fronte Frisii excipiunt. maioribus minoribusque
Frisiis vocabulum est ex modo virium. utraeque nationes
usque ad Oceanum Rheno praetexuntur ambiuntque
inmensos insuper lacus et Romanis classibus navigatos.
2 ipsum quin etiam Oceanum illa temptavimus: et super-
esse adhuc Herculis columnas fama vulgavit, sive adiit
Hercules, seu quicquid ubique magnificum est, in clari-
tatem eius referre consensimus. nec defuit audentia
Druso Germanico, sed obstitit Oceanus in se simul atque
in Herculem inquiri. mox nemo temptavit, sanctiusque
ac reverentius visum de actis deorum credere quam scire.
1 35. Hactenus in occidentem Germaniam novimus; in
septentrionem ingenti flexu redit. ac primo statim Chau-
corum gens, quamquam incipiat a Frisiis ac partem
litoris occupet, omnium quas exposui gentium lateribus
obtenditur, donec in Chattos usque sinuetur. tam immen-
sum terrarum spatium non tenent tantum Chauci, sed et
implent, populus inter Germanos nobilissimus quique
2 magnitudinem suam malit iustitia tueri. sine cupiditate,
sine impotentia, quieti secretique nulla provocant bella,

1 urgentibus iam XE *prob. Lenchantin* in urgentibus Y ingentibus c^2 (ingruentibus *Wölffl. et Baehr.*) | nihil (nil XY) iam] nihil *E. Wolff* || **3** angrinarios b anguiarios C | chamanos b | Dulgubini *Tross (cf. Much Comm. p. 307):* dulgibini *vel* dulgitubini *vel* dulgicubini *libri* (Dulgubnii *J. Grimm*) || **4** chasuarii *cod. Vat. 4498:* Thasuarii BE tasuarii b chasudrii c occasuarii C | claudunt b^2 || **5** frisi b^2c frisci C || **6** frisis Bb^2cE friscis C || **9** illis E *in marg.* | tentauimus *libri* || **10** uolgauit BC uoligavit c || **11** magnificum Y *et* b^2 *corr. ex* magnum, *ad quod antea in marg. adscriptum erat* magn(ificum), magnum BE || **12** consueuimus E *in marg.* || **13** Drusi *R. Borchardt* || **14** in *om.* C | temptauit C tentauit XcE || **17** Septemtrioni E | re⟨ce⟩dit *C. Her., at cf. Loefst., Komm. z. Peregr. Aeth. p. 274* | a primo E (primum *Ritt.*) | caucorum b || **18** Frisis || **20** obtendere Y | sinuetur XE sinatur Y *et* E *in marg.* | tam YEb^2 nam Bb^1 || **21** terrarum *om.* C | Chãci B | et *om.* E || **22** populis C || **23** suam *om.* C | malit YE maluit B *et* b, *idque corr. in* malint, *hinc in* malit

nullis raptibus aut latrociniis populantur. id praecipuum virtutis ac virium argumentum est, quod, ut superiores agant, non per iniurias assequuntur; prompta tamen omnibus arma ac, si res poscat, exercitus, plurimum virorum equorumque; et quiescentibus eadem fama.

36. In latere Chaucorum Chattorumque Cherusci 1
nimiam ac marcentem diu pacem illacessiti nutrierunt:
idque iucundius quam tutius fuit, quia inter impotentis et
validos falso quiescas: ubi manu agitur, modestia ac probi-
tas nomina superioris sunt. ita qui olim boni aequique
Cherusci, nunc inertes ac stulti vocantur; Chattis victo-
ribus fortuna in sapientiam cessit. tracti ruina Cherus- 2
corum et Fosi, contermina gens, adversarum rerum ex
aequo socii sunt, cum in secundis minores fuissent.

37. Eundem Germaniae sinum proximi Oceano Cim- 1
bri tenent, parva nunc civitas, sed gloria ingens. veteris-
que famae lata vestigia manent, utraque ripa castra ac
spatia, quorum ambitu nunc quoque metiaris molem
manusque gentis et tam magni exitus fidem. sescentesi- 2
mum et quadragesimum annum urbs nostra agebat, cum
primum Cimbrorum audita sunt arma Caecilio Metello
et Papirio Carbone consulibus. ex quo si ad alterum
imperatoris Traiani consulatum computemus, ducenti
ferme et decem anni colliguntur: tam diu Germania vin-
citur. medio tam longi aevi spatio multa in vicem 3
damna. non Samnis, non Poeni, non Hispaniae Gal-
liaeve, ne Parthi quidem saepius admonuere: quippe
regno Arsacis acrior est Germanorum libertas. quid
enim aliud nobis quam caedem Crassi, amisso et ipse

1 id⟨que⟩ *Lips.* || **3** iniuriam E | assequantur Y || **4** ac] et b | [exercitus] *Walch em. Liv. p. 273*, exercitui *Her.* | plurim⟨or⟩um *Gud.* || **7** ac] et E (ac *superscr.*) || **8** iocundius EBC | potentes *Meiser* || **10** nomina *Put.*: nomine || **12** tracti c tacti XCE (fracti *Gud. coll. Sen. epist. 66, 43, at cf. Wiss. GGA. 1916 p. 669*) || **13** fosi YEb² fusi Bb¹ | aduersariis Bb *s. l.*, E *in marg.* aduersarium C || **14** sunt socii C || **15** sinum Y situm XE | cymbri b *ac similiter v. 21* || **18** ambitum Y ambitu (tu *superscr.*) BE || **19** sescentesimum X sexc. cE sec. C || **22** et] ac Y | papirio Yb² Sapirio Bb¹E | si *om.* E || **23** Con·tum B conuentum E || **24** diu in Germania E || **25** tamen b¹ c || **29** et ipse V, *Humm.*: et ipso et ipse

4 Pacoro infra Ventidium deiectus Oriens obiecerit? at Germani Carbone et Cassio et Scauro Aurelio et Servilio Caepione Maximoque Mallio fusis vel captis quinque simul consularis exercitus populo Romano, Varum trisque cum eo legiones etiam Caesari abstulerunt; nec impune C. Marius in Italia, Divus Iulius in Gallia, Drusus ac Nero et Germanicus in suis eos sedibus perculerunt; mox ingentes C. Caesaris minae in ludibrium
5 versae. inde otium, donec occasione discordiae nostrae et civilium armorum expugnatis legionum hibernis etiam Gallias affectavere; ac rursus pulsi inde proximis temporibus triumphati magis quam victi sunt.

1 38. Nunc de Suebis dicendum est, quorum non una, ut Chattorum Tencterorumve gens; maiorem enim Germaniae partem obtinent, propriis adhuc nationibus nominibusque discreti, quamquam in commune Suebi
2 vocentur. insigne gentis obliquare crinem nodoque substringere: sic Suebi a ceteris Germanis, sic Sueborum ingenui a servis separantur. in aliis gentibus seu cognatione aliqua Sueborum seu, quod saepe accidit, imitatione, rarum et intra iuventae spatium, apud Suebos usque ad canitiem horrentem capillum † retro sequuntur ac saepe in ipso vertice religant; principes et ornatiorem habent. ea cura formae, sed innoxia; neque enim

1 obiecerit **Xc** obicitur **C** obiecerunt **E** || **3** Maximoque *Frahm (cf. Herm. 69, 1934, 434):* Marcoque *vel* Marco (M. **c** mi **C**) quoque *libri* | Mallio **E** Manlio **b** Mālio **BC** Manilio **c** || **4** populo · ro · **b**[2] populi romani (ri ·) **Bb**[1]**YE** || **5** tresque **Y** | legiones cum eo **C** | Caesari ⟨Augusto⟩ *Ritt.* || **7** absperculerunt **b** || **9** uersae *om.* **E** || **11** pulsi inde **B** (nam *s. l.*) **E** (nam *in marg.*) pulsi nam **c** inde pulsi in **b** (ac etiam expulsi rursus inde **C**); pulsi inde etiam *Koest.* || **16** quamquam **Y** quam **BE** quamuis *corr. ex* quam **b** | comuni **E** || **18** sicut Suebi **E** *et in marg.* sic || **21** apud Suebos *suspectum, signum lacunae indicavit Andr.* || **22** horrentes capilli *Gud. et And.* | retro sequuntur (sequentem **C**)] retrorsum agunt *Haupt*, retorquent *Madv.*, retorquentur *And.*, *alii aliter; signum corruptelae posuit Koest.* || **23** ipso (solo *s. l.*) **b** solo (ipso *s. l.*) **B** solo (ipso *in marg.*) **E** ipso solo **Y** (summo *Frahm, sed cf. Till p. 95*) | vertici *Lachmann* | religant *Humm. Mon.*, rei ligant **V**: religatur **XE** ligant **Y** (religantur *Gud. et And.*) | ornatorem **V** || **24** innoxia *Mur.:* innoxie (-ae) **XEc** inopiae **C**

ut ament amenturve, in altitudinem quandam et terrorem
adituri bella compti [ut] hostium oculis ornantur.
39. Vetustissimos se nobilissimosque Sueborum Sem- 1
nones memorant; fides antiquitatis religione firmatur.
stato tempore in silvam auguriis patrum et prisca formi-
dine sacram omnes eiusdem sanguinis populi legationi-
bus coeunt caesoque publice homine celebrant barbari
ritus horrenda primordia. est et alia luco reverentia: 2
nemo nisi vinculo ligatus ingreditur, ut minor et
potestatem numinis prae se ferens. si forte prolapsus est,
attolli et insurgere haud licitum: per humum evolvun-
tur. eoque omnis superstitio respicit, tamquam inde
initia gentis, ibi regnator omnium deus, cetera subiecta
atque parentia. adicit auctoritatem fortuna Semnonum: 3
centum pagi iis habitantur, magnoque corpore efficitur
ut se Sueborum caput credant.
40. Contra Langobardos paucitas nobilitat: plurimis 1
ac valentissimis nationibus cincti non per obsequium,
sed proeliis ac periclitando tuti sunt. Reudigni deinde et 2
Aviones et Anglii et Varini et Eudoses et Suardones et
Nuitones fluminibus aut silvis muniuntur. nec quicquam
notabile in singulis, nisi quod in commune Nerthum, id
est Terram matrem, colunt eamque intervenire rebus
hominum, invehi populis arbitrantur. est in insula 3

2 ut *inclusit Halm* compti et c comptius *Lachmann, probabiliter* | ornantur bCc *et* E *in marg.*, B *s. l.* armantur BE *et* bc *s. l., probantibus Mf. et Much* || **3** uetustissimos se XE vetustissimo se C vetustissimos c | semnones Bc *s. l.*, b*corr.*, E *in marg.* semones BCcE senones b, *ac similiter v. 14 nisi quod ibi* semnonum Y sennonum B *s. l.* || **5** statuto *et in marg.* stato E | patrum b² patrium BbCE patruum c || **6** sacrum Bb¹CEc¹ | omnis Cc nominis *vel* numinis (*cf. v. 10* numinis) Bc *s. l.*, E *in marg.* | eiusdemque BE || **8** horrentia E || **10** est *om.* C || **14** patentia b² || **15** pagi iis habitantur *Brotier:* pagis habitantur (pagis habitant *Ern.*) | corpore] tempore B *s. l.*, E *in marg.* || **17** Langobardos BE longobardos Y lõgobardos (-dis b²) b | paucitas *om.* C | nobilitat c nobilitas XCE || **18** cuncti E || **19** ac] et Y | Reudigni YE (*in* E V *s. l.*) Veusdigni Bb (*in* b R *s. l.*), *cf. Mf. p. 463* || **20** Aniones b¹ | uarmi C | Suardones b² *et* E *in marg.* Suarines Bb¹YE, *prob. Reeb et And.*, Suarinos *Much dubitans praefert* || **21** Nuitones b² (*sed cf. de forma nominis Much Comm. p. 349*) Nuithones BYE Nurtones b¹ || **22** Nertum E neithum Bb¹

Oceani castum nemus, dicatumque in eo vehiculum,
veste contectum; attingere uni sacerdoti concessum. is
adesse penetrali deam intellegit vectamque bubus femi-
nis multa cum veneratione prosequitur. laeti tunc dies,
festa loca, quaecumque adventu hospitioque dignatur.
non bella ineunt, non arma sumunt; clausum omne
ferrum; pax et quies tunc tantum nota, tunc tantum
amata, donec idem sacerdos satiatam conversatione
4 mortalium deam templo reddat. mox vehiculum et vestes
et, si credere velis, numen ipsum secreto lacu abluitur.
servi ministrant, quos statim idem lacus haurit. arcanus
hinc terror sanctaque ignorantia quid sit illud, quod
tantum perituri vident.

1 41. Et haec quidem pars Sueborum in secretiora Ger-
maniae porrigitur: propior, ut, quo modo paulo ante
Rhenum, sic nunc Danuvium sequar, Hermundurorum
civitas, fida Romanis; eoque solis Germanorum non in
ripa commercium, sed penitus atque in splendidissima
Raetiae provinciae colonia. passim et sine custode trans-
eunt; et cum ceteris gentibus arma modo castraque
nostra ostendamus, his domos villasque patefecimus non
2 concupiscentibus. in Hermunduris Albis oritur, flumen
inclutum et notum olim; nunc tantum auditur.

1 42. Iuxta Hermunduros Naristi ac deinde Marcomani
et Quadi agunt. praecipua Marcomanorum gloria vires-
que, atque ipsa etiam sedes pulsis olim Boiis virtute
parta. nec Naristi Quadive degenerant. eaque Germaniae
2 velut frons est, quatenus Danuvio peragitur. Marcoma-
nis Quadisque usque ad nostram memoriam reges man-

1 castrum Y | eo *Rhen.:* ea || **6** clusum *Gud.* || **7** *posterius* tunc *om.* c | tunc amata *C. Her.* || **10** nomen b || **11** Seui E Sui C || **12** illud] id C || **14** Sueborum *Rhen.* (sueuorum *vir doctus in marg. cod. Urb. 412*): uerborum (ri) , *quae corruptela genuinam formam nominis testatur* || **15** propior BE proprior c || **16** nunc *om.* b || **19** passim et Y passim XE || **23** inclytum XE inclitum Y || **24** Narisci b[2] *in marg. et* E maristi C Varisti *Mf. p. 535* | marcomañi b[1], *item alias* || **26** etiam ipsa bE, *sed* E *transposuit* | Bois BYE || **27** parta YE parata X | Narisci E maristi C || **28** peragitur] praecingitur *Tagmann, at cf. P. Persson p. 176* || **29** usque *om.* c | manserunt Y mansere BE manser b

serunt ex gente ipsorum, nobile Marobodui et Tudri
genus (iam et externos patiuntur), sed vis et potentia
regibus ex auctoritate Romana. raro armis nostris, sae-
pius pecunia iuvantur, nec minus valet.
43. Retro Marsigni, Cotini, Osi, Buri terga Marco- 1
manorum Quadorumque claudunt. e quibus Marsigni
et Buri sermone cultuque Suebos referunt; Cotinos
Gallica, Osos Pannonica lingua coarguit non esse Ger-
manos, et quod tributa patiuntur. partem tributorum
Sarmatae, partem Quadi ut alienigenis imponunt; Co-
tini, quo magis pudeat, et ferrum effodiunt. omnesque 2
hi populi pauca campestrium, ceterum saltus et vertices
montium [iugumque] insederunt. dirimit enim scindit-
que Suebiam continuum montium iugum, ultra quod
plurimae gentes agunt, ex quibus latissime patet Lu-
giorum nomen in plures civitates diffusum. valentissi-
mas nominasse sufficiet: Harios Helveconas Manimos
Helisios Nahanarvalos. apud Nahanarvalos antiquae 3
religionis lucus ostenditur. praesidet sacerdos muliebri
ornatu, sed deos interpretatione Romana Castorem Pol-
lucemque memorant. ea vis numini, nomen Alcis. nulla
simulacra, nullum peregrinae superstitionis vestigium;
ut fratres tamen, ut iuvenes venerantur. ceterum Harii 4
super vires, quibus enumeratos paulo ante populos ante-
cedunt, truces insitae feritati arte ac tempore lenocinan-
tur: nigra scuta, tincta corpora; atras ad proelia noctes
legunt ipsaque formidine atque umbra feralis exercitus

1 marabodui B marbodui c | Trudi E || **2** iam ēt b[1], *ut vid.* || **4** va-lent, *corr. Bailey* || **5** Gotini *libri, item v. 7* Gotinos, *sed v. 10* Y Co-tini, *cf. Mf. p. 559* | Burii C || **13** [iugumque] *Acid.* ([montium
y
iugumque] *Reiff.; an* montium *v. 14 delendum*?) || **15** Legiorum E legiorum Bbc, *sed* e *in* B *in y, in* b *in* i *corr.* uegiorum c[2] leugiorum C, *cf. Mf. p. 564* || **17** Carios (*vel* Charios) *Mf. p. 560* | heluetonas
h
B[1]E (*in marg.* halisionas) helueconas bB[2] heueconas c eluheconas C (Helvaeonas *Mf. secundum Ptolem., sed cf. Much Comm. p. 379*) || **18** helisios E helysios B (halisionas *s. l.*) Y elisios b | naharualos *priore loco* bB *s. l.* et E *in marg., posteriore* XE; *priore* Nahanar-uolos E, nacharualos *priore* c *posteriore* Y; *cf. Mf. p. 569* || **19** re-gionis Y *et* E *in marg.* || **21** memorat X | aleis b || **23** alii *libri* || **25** truces *Ber.:* trucis || **26** plium Y

terrorem inferunt, nullo hostium sustinente novum ac velut infernum aspectum; nam primi in omnibus proeliis oculi vincuntur.

1 44. Trans Lugios Gotones regnantur, paulo iam adductius quam ceterae Germanorum gentes, nondum tamen supra libertatem. protinus deinde ab Oceano Rugii et Lemovii; omniumque harum gentium insigne rotunda scuta, breves gladii et erga reges obsequium.

2 Suionum hinc civitates, ipso in Oceano, praeter viros armaque classibus valent. forma navium eo differt, quod utrimque prora paratam semper appulsui frontem agit. nec velis ministrant nec remos in ordinem lateribus adiungunt: solutum, ut in quibusdam fluminum, et mu-
3 tabile, ut res poscit, hinc vel illinc remigium. est apud illos et opibus honos, eoque unus imperitat, nullis iam exceptionibus, non precario iure parendi. nec arma, ut apud ceteros Germanos, in promiscuo, sed clausa sub custode, et quidem servo, quia subitos hostium incursus prohibet Oceanus, otiosae porro armatorum manus facile lasciviunt: enimvero neque nobilem neque ingenuum, ne libertinum quidem armis praeponere regia utilitas est.

1 45. Trans Suionas aliud mare, pigrum ac prope immotum, quo cingi cludique terrarum orbem hinc fides, quod extremus cadentis iam solis fulgor in ortus edurat adeo clarus, ut sidera hebetet; sonum insuper emergentis audiri formasque equorum et radios capitis aspici per-
2 suasio adicit. illuc usque — et fama vera — tantum natura. ergo iam dextro Suebici maris litore Aestiorum

4 Lygios **BYE** ligios **b** | gothones *libri, cf. Mf. p. 559* | regnantur **c** regnant **X C E** || **5** non tamen **C** dum tamen **c** || **7** lemonii **b**[1]**E**, *cf. Mf. p. 563* || **9** ipso **Y** ipse **B** ipsae **b E** | oceanum **B b**[1] occeanum **E** || **12** ministrantur, *em. Lips.* || **16** non] nec **Y** || **17** in] neque **C** | promisco **c** | causa **E** (clusa *Gud.*) || **19** otiosae *Colerus:* otiosa **c** ociosa **XE** occiosa **C** || **21** subtilitas *Madv.* || **23** suiones **b** (Sitonas *Mf., v. ad p. 31, 25*) || **24** claudique **Y** || **25** ortum **X** || **26** emergentis *om.* **C** || **27** formas **Y** | equorum *vir doctus in marg. cod. Urb. 412:* deorum (eorum **E** *in marg.*) || **28** et] si *Grot.* || **29** seuici *libri plerique, sed corr.* | estiorum (eflu) **b**, *cf. Mf. D. A. II p. 11*

gentes adluuntur, quibus ritus habitusque Sueborum,
lingua Britannicae propior. matrem deum venerantur.
insigne superstitionis formas aprorum gestant: id pro
armis omniumque tutela securum deae cultorem etiam
inter hostis praestat. rarus ferri, frequens fustium usus. 3
frumenta ceterosque fructus patientius quam pro solita
Germanorum inertia laborant. sed et mare scrutantur, 4
ac soli omnium sucinum, quod ipsi glesum vocant, inter
vada atque in ipso litore legunt. nec quae natura quaeve
ratio gignat, ut barbaris, quaesitum compertumve; diu
quin etiam inter cetera eiectamenta maris iacebat, donec
luxuria nostra dedit nomen. ipsis in nullo usu: rude
legitur, informe perfertur, pretiumque mirantes acci-
piunt. sucum tamen arborum esse intellegas, quia ter- 5
rena quaedam atque etiam volucria animalia plerumque
interlucent, quae implicata humore mox durescente ma-
teria cluduntur. fecundiora igitur nemora lucosque sic-
ut Orientis secretis, ubi tura balsamaque sudantur, ita
Occidentis insulis terrisque inesse crediderim, quae vi-
cini solis radiis expressa atque liquentia in proximum
mare labuntur ac vi tempestatum in adversa litora
exundant. si naturam sucini admoto igni temptes, in
modum taedae accenditur alitque flammam pinguem et
olentem; mox ut in picem resinamve lentescit.

Suionibus Sithonum gentes continuantur. cetera 6
similes uno differunt, quod femina dominatur: in
tantum non modo a libertate sed etiam a servitute
degenerant.

1 abluuntur XE || **2** proprior E || **4** omniumque (*genet. obiect.*)] omnique *det.* (hominumque *Url. et And.*) || **5** hostes Y || **7** ⟨e⟩laborant *malebat Halm* || **8** succinum bE *ac similiter v. 22* | glaesum *Mf.* || **9** que uero B (uō E *in marg.*) || **13** profertur bE || **17** igitur] ergo E | ⟨et⟩ sicut *Mähly* || **18** thura cE | sudant X || **19** terrisque . . . solis *om.* E | quae vicini] qua vicini *Detschew*, quia sucina *Conr. Hofmann* || **20** radiis c radius XCE || **22** exudant C exsudant c e^{s}xudant E | igne Y || **23** tētes *libri* || **25—28** Suionibus . . . degenerant *Bip.*, *Mf.*, *alii post cap. 44 ponenda censent* || **25** sithonum b sitonum *rell.* | gens continuatur Bb[1] || **26** differuntur Y || **28** degn^{2}atur b[1]

1 46. Hic Suebiae finis. Peucinorum Venethorumque et Fennorum nationes Germanis an Sarmatis ascribam dubito. quamquam Peucini, quos quidam Bastarnas vocant, sermone cultu, sede ac domiciliis ut Germani agunt. sordes omnium ac torpor procerum. conubiis mixtis non-
2 nihil in Sarmatarum habitum foedantur. Venethi multum ex moribus traxerunt; nam quicquid inter Peucinos Fennosque silvarum ac montium erigitur latrociniis pererrant. hi tamen inter Germanos potius referuntur, quia et domos figunt et scuta gestant et pedum usu ac pernicitate gaudent: quae omnia diversa Sarmatis sunt
3 in plaustro equoque viventibus. Fennis mira feritas, foeda paupertas: non arma, non equi, non penates; victui herba, vestitui pelles, cubile humus; solae in sagittis spes, quas inopia ferri ossibus asperant. idemque venatus viros pariter ac feminas alit; passim enim comitantur partemque praedae petunt. nec aliud infantibus ferarum imbriumque suffugium quam ut in aliquo ramorum nexu contegantur: huc redeunt iuvenes, hoc senum receptaculum. sed beatius arbitrantur quam ingemere agris, illaborare domibus, suas alienasque fortunas spe metuque versare: securi adversus homines, securi adversus deos rem difficillimam assecuti sunt,
4 ut illis ne voto quidem opus esset. cetera iam fabulosa: Hellusios et Oxionas ora hominum vultusque, corpora atque artus ferarum gerere: quod ego ut incompertum in medium relinquam.

1 hi b | finis *Put.*: fines | Peucurorum BbC *s. l.* | Venetorumque *vel* Venethorumque *libri, item v. 6* Venedorum *Rhen., sed cf. Much Comm. p. 414 sq.* || **2** dubito. quamquam] *sic distinxit Reeb* || **4** ut Germani . . . (*v. 11*) Sarmatis *om.* C || **5** torpor: ⟨ora⟩ procerum *C. Her.* (torpor: procerum ⟨multi⟩ conubiis mixti *E. Wolff*) | mixtos BcE mistos b^1 mixti *vir doctus in marg. cod. Urb. 412* || **7** ⟨et⟩ ex *Gud.* || **9** ⟨et⟩ hi *Reiff.* || **10** fingunt EY | pedum *Lips.*: pecudum Bb^1 peditum EYb^2 || **11** sunt *om.* E || **14** sola E || **23** difficilem X | sunt *om.* b || **24** opus sit *Rhen.* || **25** oxionas Bb^1cE *Hersf. teste Dec.* *(cf. Much Comm. p. 421 sq.)* etionas b^2 *et* B *s. l.*, E *in marg.* exionas C | uoltusque B | uultusque et corpora Y E || **26** ego *om.* E || **27** medio *Halm*

Cornelii Taciti de origine et situ (moribus E) Germanorum liber explicit BE

P. CORNELII TACITI

DE VITA IVLII AGRICOLAE

LIBER

DE SINGVLIS CODICIBVS

E = codex Aesinas lat. 8
T = codex Toletanus 49, 2
A = codex Vaticanus 3429
B = codex Vaticanus 4498

Libri E media pars, quae a vocabulo *munia* (13 v. 2) usque ad *missum* (40 v. 7) pertinet, tertius quaternio fuit codicis Hersfeldensis saec. IX; quae antecedunt et sequuntur, Stefanus Guarnieri saeculo XV descripsit. eiusdem saeculi reliqui codices sunt. libri E conspectum praebuit post Caesarem Annibaldi (Città di Castello 1907) Rudolfus Till (cf. append. libri qu. d. Handschriftliche Untersuchungen zu Tacitus Agricola und Germania [Der Codex Aesinas] Berol. 1943), codicis T lectiones perscripsit O. Leuze Philol. Suppl. 8, 1901, 515–556; codices A et B Andresen contulit Romae anno 1898. codicis T, quem ex E descriptum esse constat, paucas tantummodo selectas lectiones notavi.

Lectiones, quibus nulla nota adiecta est, in omnibus codicibus extant.

1 1. Clarorum virorum facta moresque posteris tradere,
antiquitus usitatum, ne nostris quidem temporibus quam-
quam incuriosa suorum aetas omisit, quotiens magna
aliqua ac nobilis virtus vicit ac supergressa est vitium
parvis magnisque civitatibus commune, ignorantiam
2 recti et invidiam. sed apud priores ut agere digna memo-
ratu pronum magisque in aperto erat, ita celeberrimus
quisque ingenio ad prodendam virtutis memoriam sine
gratia aut ambitione bonae tantum conscientiae pretio
3 ducebatur. ac plerique suam ipsi vitam narrare fiduciam
potius morum quam arrogantiam arbitrati sunt, nec
id Rutilio et Scauro citra fidem aut obtrectationi fuit:
adeo virtutes iisdem temporibus optime aestimantur, qui-
4 bus facillime gignuntur. at nunc narraturo mihi vitam
defuncti hominis venia opus fuit, quam non petissem
incusaturus: tam saeva et infesta virtutibus tempora.

1 2. Legimus, cum Aruleno Rustico Paetus Thrasea,
Herennio Senecioni Priscus Helvidius laudati essent,
capitale fuisse, neque in ipsos modo auctores, sed in
libros quoque eorum saevitum, delegato triumviris
ministerio ut monumenta clarissimorum ingeniorum in
2 comitio ac foro urerentur. scilicet illo igne vocem populi
Romani et libertatem senatus et conscientiam generis
humani aboleri arbitrabantur, expulsis insuper sapien-
tiae professoribus atque omni bona arte in exilium acta,
3 ne quid usquam honestum occurreret. dedimus profecto
grande patientiae documentum; et sicut vetus aetas vidit
quid ultimum in libertate esset, ita nos quid in servitute,
adempto per inquisitiones etiam loquendi audiendique
commercio. memoriam quoque ipsam cum voce perdi-
dissemus, si tam in nostra potestate esset oblivisci quam
tacere.

Cornelii Taciti de vita Iulii Agricolae liber incipit E (*cf. Hersf. in fine operis*) Cornelii Taciti de vita et moribus L. Agricolae liber T Cornelii Taciti de vita et moribus Iulii Agricolae A Cai Corneli Taciti de vita et moribus Iulii Agricolae prohemium B

4 no⟨ta⟩bilis *Koest. olim coll. Dial. 40, 2* || **15** fuerit *Roth* || **16** incusaturus. tam saeva *distinxit Wex* || **18** senetioni, *em. Rhen.* || **21** monimenta B || **22** vocem *om.* B || **26** occurrē B || **27** grande *om.* B

3. Nunc demum redit animus; et quamquam primo 1
statim beatissimi saeculi ortu Nerva Caesar res olim dissociabiles miscuerit, principatum ac libertatem, augeatque cotidie felicitatem temporum Nerva Traianus, nec spem modo ac votum securitas publica, sed ipsius voti fiduciam ac robur assumpserit, natura tamen infirmitatis humanae tardiora sunt remedia quam mala; et ut corpora nostra lente augescunt, cito exstinguuntur, sic ingenia studiaque oppresseris facilius quam revocaveris; subit quippe etiam ipsius inertiae dulcedo, et invisa primo desidia postremo amatur. quid, si per 2
quindecim annos, grande mortalis aevi spatium, multi fortuitis casibus, promptissimus quisque saevitia principis interciderunt? pauci et, ut ita dixerim, non modo aliorum sed etiam nostri superstites sumus, exemptis e media vita tot annis, quibus iuvenes ad senectutem, senes prope ad ipsos exactae aetatis terminos per silentium venimus. non tamen pigebit vel incondita ac rudi voce 3
memoriam prioris servitutis ac testimonium praesentium bonorum composuisse. hic interim liber honori Agricolae soceri mei destinatus, professione pietatis aut laudatus erit aut excusatus.

4. Gnaeus Iulius Agricola, vetere et illustri Foro- 1
iuliensium colonia ortus, utrumque avum procuratorem Caesarum habuit, quae equestris nobilitas est. pater illi Iulius Graecinus senatorii ordinis, studio eloquentiae sapientiaeque notus, iisque ipsis virtutibus iram Gai Caesaris meritus: namque Marcum Silanum accusare iussus et, quia abnuerat, interfectus est. mater Iulia 2
Procilla fuit, rarae castitatis. in huius sinu indulgentiaque educatus per omnem honestarum artium cultum pueritiam adulescentiamque transegit. arcebat eum ab

1 rediit *Spengel* | set *ed. Bip., sed cf. Reitz., Bemerk. z. d. kl. Schr. p. 263, 2, qui collegit Agr. 36, 3 (p. 57 25) et Hist. II 30 v. 8*[2] || **3** dissolubiles B insociabiles *Novák* || **12** multis, *em. Lips.* || **14** et ut ita *Url.:* et uti (ut ita *Rhen.*) || **19** senectutis AB || **23** CNeus Tulius ET | foriuliensium B || **25** Caesaris B | illi *Wölffl.:* Iuli EB Iulii A *del. Lips., recte ut videtur* || **28** sillanum EA sullanum B || **31** honestatis B || **32** eum] tamen B

illecebris peccantium praeter ipsius bonam integramque naturam, quod statim parvulus sedem ac magistram studiorum Massiliam habuit, locum Graeca comitate et provinciali parsimonia mixtum ac bene compositum.
3 memoria teneo solitum ipsum narrare se prima in iuventa studium philosophiae acrius, ultra quam concessum Romano ac senatori, hausisse, ni prudentia matris incensum ac flagrantem animum coercuisset. scilicet sublime et erectum ingenium pulchritudinem ac speciem magnae excelsaeque gloriae vehementius quam caute appetebat. mox mitigavit ratio et aetas, retinuitque, quod est difficillimum, ex sapientia modum.

1 5. Prima castrorum rudimenta in Britannia Suetonio Paulino, diligenti ac moderato duci, approbavit, electus quem contubernio aestimaret. nec Agricola licenter, more iuvenum, qui militiam in lasciviam vertunt, neque segniter ad voluptates et commeatus titulum tribunatus et inscitiam rettulit: sed noscere provinciam, nosci exercitui, discere a peritis, sequi optimos, nihil appetere in iactationem, nihil ob formidinem recusare, simulque et
2 anxius et intentus agere. non sane alias exercitatior magisque in ambiguo Britannia fuit: trucidati veterani, incensae coloniae, intercepti exercitus; tum de salute,
3 mox de victoria certavere. quae cuncta etsi consiliis ductuque alterius agebantur, ac summa rerum et recuperatae provinciae gloria in ducem cessit, artem et usum et stimulos addidere iuveni, intravitque animum militaris gloriae cupido, ingrata temporibus quibus sinistra erga eminentes interpretatio nec minus periculum ex magna fama quam ex mala.

1 6. Hinc ad capessendos magistratus in urbem degressus Domitiam Decidianam, splendidis natalibus ortam, sibi iunxit; idque matrimonium ad maiora nitenti decus ac robur fuit. vixeruntque mira concordia, per mutuam

5 in *om.* B || **6** ultra⟨que⟩ quam *Lips.* || **7** senatori⟨o⟩ *C. Her.* || **11** retinuit B || **15** contub. adsumeret *Corn.* | licenter ⟨egit⟩ *C. Her.* || **16** nec B, *ut fere semper* || **18** iustitiam B || **21** excitatior *Buchner* || **23** incensa colonia *Lips.* | intersepti, *em. Put.* (*lect. def. Verdière aliique coll. Hist. III 53, 1, fort. recte*) || **31** degressus E dègressus A digressus B

caritatem et in vicem se anteponendo, nisi quod in bona
uxore tanto maior laus, quanto in mala plus culpae est.
sors quaesturae provinciam Asiam, proconsulem Sal- 2
vium Titianum dedit, quorum neutro corruptus est,
quamquam et provincia dives ac parata peccantibus, et
proconsul in omnem aviditatem pronus quantalibet
facilitate redempturus esset mutuam dissimulationem
mali. auctus est ibi filia, in subsidium simul ac solacium;
nam filium ante sublatum brevi amisit. mox inter quae- 3
sturam ac tribunatum plebis atque ipsum etiam tribu-
natus annum quiete et otio transiit, gnarus sub Nerone
temporum, quibus inertia pro sapientia fuit. idem prae- 4
turae tenor et silentium; nec enim iurisdictio obvenerat.
ludos et inania honoris medio rationis atque abundan-
tiae duxit, uti longe a luxuria, ita famae propior. tum 5
electus a Galba ad dona templorum recognoscenda dili-
gentissima conquisitione fecit, ne cuius alterius sacri-
legium res publica quam Neronis sensisset.

7. Sequens annus gravi vulnere animum domumque 1
eius afflixit. nam classis Othoniana licenter vaga dum
Intimilium (Liguriae pars est) hostiliter populatur,
matrem Agricolae in praediis suis interfecit praediaque
ipsa et magnam patrimonii partem diripuit, quae causa
caedis fuerat. igitur ad sollemnia pietatis profectus 2
Agricola nuntio affectati a Vespasiano imperii deprehen-
sus ac statim in partes transgressus est. initia princi-
patus ac statum urbis Mucianus regebat, iuvene ad-
modum Domitiano et ex paterna fortuna tantum
licentiam usurpante. is missum ad dilectus agendos 3

1 appetendo B || 5 ac] et B || 6 quantilibet faelicitate B || 8 auctus est ibi filia E *in marg.* AB nactus est ibi filiam E (*i. e. corrector, cf. Till p. 83 sq.*) | ac ET: et AB || 9 ⟨intervallum⟩ inter *Koest.* || 10 ac] et B || 11 quietis B | transiit B transit EA || 13 tenor *Rhen. incerta coniectura:* certior (otium *Ritt., al. al.;* [certior et] *Andr., cf. Jb. 1915, 57*) || 14 rationis] luxuriae B || 17 ⟨ef⟩fecit *Heins.* || 21 Intimilium *Mommsen CIL V, 2 p. 900:* in templo (Intemelium *Urs.*, Intemelios *Lips.*) || 25 affecti [tati] E || 26 est B *post* deprehensus *habet* || 27 Mutianus || 29 *post* missum *fort.* in Britanniam *supplendum est* | delectus

Agricolam integreque ac strenue versatum vicesimae
legioni tarde ad sacramentum transgressae praeposuit,
ubi decessor seditiose agere narrabatur: quippe legatis
quoque consularibus nimia ac formidolosa erat, nec
legatus praetorius ad cohibendum potens, incertum suo
an militum ingenio. ita successor simul et ultor electus
rarissima moderatione maluit videri invenisse bonos
quam fecisse.
1 8. Praeerat tunc Britanniae Vettius Bolanus, placidius
quam feroci provincia dignum est. temperavit Agricola
vim suam ardoremque compescuit, ne incresceret, peri-
2 tus obsequi eruditusque utilia honestis miscere. brevi
deinde Britannia consularem Petilium Cerialem accepit.
habuerunt virtutes spatium exemplorum, sed primo
Cerialis labores modo et discrimina, mox et gloriam
communicabat: saepe parti exercitus in experimentum,
3 aliquando maioribus copiis ex eventu praefecit. nec
Agricola umquam in suam famam gestis exultavit: ad
auctorem ac ducem ut minister fortunam referebat. ita
virtute in obsequendo, verecundia in praedicando extra
invidiam nec extra gloriam erat.
1 9. Revertentem ab legatione legionis divus Vespasia-
nus inter patricios adscivit; ac deinde provinciae Aqui-
taniae praeposuit, splendidae inprimis dignitatis admini-
2 stratione ac spe consulatus, cui destinarat. credunt
plerique militaribus ingeniis subtilitatem deesse, quia
castrensis iurisdictio secura et obtusior ac plura manu
agens calliditatem fori non exerceat: Agricola naturali
prudentia, quamvis inter togatos, facile iusteque agebat.
3 iam vero tempora curarum remissionumque divisa: ubi
conventus ac iudicia poscerent, gravis intentus, severus
et saepius misericors: ubi officio satis factum, nulla

1 uersatum A *m. 1 corr. ex* uersantem || **3** Sub decessore *Madv.*, [ubi ... narrabatur] *Wex et Nipp.* || **5** potest E *in marg.* || **9** uectius A | Volanus E A || **11** insolesceret *Corn.* || **12** obsequii *Ritt.* (consequi E *in marg.*) || **13** petillum E *in marg.* || **14** habuit virtutis exemplar E *corr. scripsisse videtur* || **20** in exsequendo *Doed.* || **22** [legionis] *Koest.* || **23** a[d]scivit E || **24** proposuit B | dignitate administrationis *Rigler, at v. P. D. Hennings in Ann. phil. 1866 p. 377* || **26** adesse B || **30** temporis et curarum B || **32** nulla *Rhen.:* nullam

ultra potestatis persona; tristitiam et arrogantiam et
avaritiam exuerat. nec illi, quod est rarissimum, aut
facilitas auctoritatem aut severitas amorem deminuit.
integritatem atque abstinentiam in tanto viro referre 4
iniuria virtutum fuerit. ne famam quidem, cui saepe
etiam boni indulgent, ostentanda virtute aut per artem
quaesivit: procul ab aemulatione adversus collegas,
procul a contentione adversus procuratores, et vincere
inglorium et atteri sordidum arbitrabatur. minus trien- 5
nium in ea legatione detentus ac statim ad spem consu-
latus revocatus est, comitante opinione Britanniam ei
provinciam dari, nullis in hoc ipsius sermonibus, sed
quia par videbatur. haud semper errat fama; aliquando
et eligit. consul egregiae tum spei filiam iuveni mihi 6
despondit ac post consulatum collocavit, et statim Bri-
tanniae praepositus est, adiecto pontificatus sacerdotio.

10. Britanniae situm populosque multis scriptoribus 1
memoratos non in comparationem curae ingeniive
referam, sed quia tum primum perdomita est. ita quae
priores nondum comperta eloquentia percoluere, rerum
fide tradentur. Britannia, insularum quas Romana noti- 2
tia complectitur maxima, spatio ac caelo in orientem
Germaniae, in occidentem Hispaniae obtenditur, Gallis
in meridiem etiam inspicitur; septentrionalia eius,
nullis contra terris, vasto atque aperto mari pulsantur.
formam totius Britanniae Livius veterum, Fabius Rusti- 3
cus recentium eloquentissimi auctores oblongae scutu-
lae vel bipenni assimulavere. et est ea facies citra Cale-

1 persona **T** *(Rhen.)* personam **EAB**, *sed in* **E** m *expunctum m. 1* | [tristitiam . . . exuerat] *Wex et And.*, [et avaritiam] *C. Her.; at cf. P. Persson, Krit.-exeg. Bemerk. p. 53 sq.* || **3** facultas **B** | deminuit **E** *(Rhen.)* diminuit **AB** || **5** firtutis **A**, v *superscr. m. recent.* is *in* um *mutavit m. 1* | etiam saepe **B** || **6** ostentandam, *em. Rhen.* || **7** quaesiit **E** || **10** [ac statim] *Peerlk. et Cl.* || **12** ipsius **E** suis **AB** || **14** eligit **E** *(Rhen.)* elegit **AB** *et* **E** *in marg., ut videtur (lect. praeferunt F. Ramorino et C. Brakman [cf. Mnemos. 53, 1925, 187], fort. recte)* | egregiae *Put.*: graeciae **EA** gratae **A**[1] *in marg.* grate **B** | tum] iam *Rhen.* || **15** ac] et **B** || **19** itaque **E** || **21** fides **E** *in marg.* || **24** etiam **E** et **AB** || **26** ⟨T.⟩ Livius *Ritt., at cf. Sörb., Var. serm. Tac. p. 5* || **27** scupulae **B** || **28** assimilauere **EA** adsimilauere **B**

doniam, unde et in universum fama [est]: transgressis
inmensum et enorme spatium procurrentium extremo
4 iam litore terrarum velut in cuneum tenuatur. hanc
oram novissimi maris tunc primum Romana classis
circumvecta insulam esse Britanniam affirmavit, ac
simul incognitas ad id tempus insulas, quas Orcadas
vocant, invenit domuitque. dispecta est et Thule, quia
5 hactenus iussum, et hiems appetebat. sed mare pigrum
et grave remigantibus perhibent ne ventis quidem perinde
attolli, credo quod rariores terrae montesque, causa ac
materia tempestatum, et profunda moles continui maris
6 tardius impellitur. naturam Oceani atque aestus neque
quaerere huius operis est, ac multi rettulere: unum ad-
diderim, nusquam latius dominari mare, multum flumi-
num huc atque illuc ferre, nec litore tenus accrescere aut
resorberi, sed influere penitus atque ambire, et iugis
etiam ac montibus inseri velut in suo.

1 11. Ceterum Britanniam qui mortales initio coluerint,
indigenae an advecti, ut inter barbaros, parum comper-
tum. habitus corporum varii, atque ex eo argumenta.
2 namque rutilae Caledoniam habitantium comae, magni
artus Germanicam originem asseverant; Silurum colo-
rati vultus, torti plerumque crines et posita contra Hispa-
nia Hiberos veteres traiecisse easque sedes occupasse
fidem faciunt; proximi Gallis et similes sunt, seu durante
originis vi, seu procurrentibus in diversa terris positio
3 caeli corporibus habitum dedit. in universum tamen
aestimanti Gallos vicinam insulam occupasse credibile

1 in *om.* A | [est] *And.* | est transgressa *Rhen.* | transgressis. sed AB | *post* transgressis *leguntur in* E unde (*s. l.* als) et uniuersis sed, *quas voces a correctore additas esse verisimile est (cf. Till p. 85);* unde et uniuersis fama A *in marg.* || **2** enorme T *(Rhen.)* inorme EB īnorme A || **6** orchadas E || **7** despecta B | Thule *Ern.:* thyle EA Tyle B Thile T || **9** perinde *Grot.:* proinde || **14** dominari E *et* A[1] *in marg.* damnari AB || **22** arcus (arctus T) germanam B || **23** hispaniam (hiberia E *in marg.*), *em. Mur.* || **24** hiberos E hiberos (a over o) A (a *m. 2*) Iberas B | occupasse] hĩtasse A, *sed in marg.* occupasse *m. 1* || **26** vi *Rhen.:* usu || **28** ęstimati A | vicinam] uacuam E *in marg.*

est. eorum sacra deprehendas, superstitionum persua-
sione; sermo haud multum diversus, in deposcendis
periculis eadem audacia et, ubi advenere, in detrectandis
eadem formido. plus tamen ferociae Britanni praefe- 4
runt, ut quos nondum longa pax emollierit. nam Gallos
quoque in bellis floruisse accepimus; mox segnitia cum
otio intravit, amissa virtute pariter ac libertate. quod
Britannorum olim victis evenit: ceteri manent quales
Galli fuerunt.

12. In pedite robur; quaedam nationes et curru proe- 1
liantur. honestior auriga, clientes propugnant. olim
regibus parebant, nunc per principes factionibus et
studiis trahuntur. nec aliud adversus validissimas gen- 2
tes pro nobis utilius quam quod in commune non con-
sulunt. rarus duabus tribusve civitatibus ad propulsan-
dum commune periculum conventus: ita singuli pugnant,
universi vincuntur. caelum crebris imbribus ac nebulis 3
foedum; asperitas frigorum abest. dierum spatia ultra
nostri orbis mensuram; nox clara et extrema Britanniae
parte brevis, ut finem atque initium lucis exiguo discri-
mine internoscas. quod si nubes non officiant, aspici per 4
noctem solis fulgorem, nec occidere et exsurgere, sed
transire affirmant. scilicet extrema et plana terrarum
humili umbra non erigunt tenebras, infraque caelum et
sidera nox cadit. solum praeter oleam vitemque et cetera 5
calidioribus terris oriri sueta patiens frugum, fecun-
dum: tarde mitescunt, cito proveniunt; eademque utrius-
que rei causa, multus umor terrarum caelique. fert 6
Britannia aurum et argentum et alia metalla, pretium
victoriae. gignit et Oceanus margarita, sed subfusca ac

1 persuasiones *Glück* (⟨ac⟩ sup. persuasiones *Gud.*), persuasionem *Ritt.; sed cf. Persson l. c. p. 55 sq.* || **3** detractandis ea formido **B** || **6** in *om.* **E** || **10** nationes quaedam **T** || **13** studiis ⟨diversis⟩ *Koest. olim* | ⟨dis⟩trahuntur *Heins. aliique* || **15** tribusque **EA** || **17** caelum *usque ad finem cap. 12 Reiff. et alii inter extremum cap. 10 et initium cap. 11 transponunt; cf. etiam H. Schütz in Ann. phil. 1881 p. 271* || **18** abest] est **B** || **20** parte Brit. **B** || **22** nec exurgere **B** || **26** ⟨pomorum⟩ patiens, frugum f. *Ritt.* | fecundum **E** *in marg.* **AB**: pecudumque **E**, *cf. Till p. 86* || **28** terrarumque **B** || **30** subfusa **E** *in marg.* suffusa **B**

liventia. quidam artem abesse legentibus arbitrantur; nam in rubro mari viva ac spirantia saxis avelli, in Britannia, prout expulsa sint, colligi: ego facilius crediderim naturam margaritis deesse quam nobis avaritiam.

1 13. Ipsi Britanni dilectum ac tributa et iniuncta imperii | munia impigre obeunt, si iniuriae absint: has aegre tolerant, iam domiti ut pareant, nondum ut serviant. igitur primus omnium Romanorum divus Iulius cum exercitu Britanniam ingressus, quamquam prospera pugna terruerit incolas ac litore potitus sit, potest videri ostendisse posteris, non tradidisse.

incipit Hersfeldensis

2 mox bella civilia et in rem publicam versa principum arma, ac longa oblivio Britanniae etiam in pace: consilium id divus Augustus vocabat, Tiberius praeceptum. agitasse Gaium Caesarem de intranda Britannia satis constat, ni velox ingenio mobili paenitentiae, et ingentes adversus Germaniam conatus frustra fuissent.

3 divus Claudius auctor iterati operis, transvectis legionibus auxiliisque et adsumpto in partem rerum Vespasiano, quod initium venturae mox fortunae fuit: domitae gentes, capti reges et monstratus fatis Vespasianus.

1 14. Consularium primus Aulus Plautius praepositus ac subinde Ostorius Scapula, uterque bello egregius: redactaque paulatim in formam provinciae proxima pars Britanniae, addita insuper veteranorum colonia. quaedam civitates Cogidumno regi donatae (is ad nostram usque memoriam fidissimus mansit) vetere ac iam pridem recepta populi Romani consuetudine, ut haberet

1 liuenta B | abesse artem T || **5** d$\overset{i}{\text{e}}$lectum E delectum ABT ||
E = H **6** munia E munera AB *(at cf. Sörb., Var. serm. Tac. p. 26 adn. 2). ab hoc vocabulo incipiunt octo vetera folia codicis* E | obsint E, *corr. m. 2* || **8** primum E, *corr.* E^2 || **13** etiam] iam B || **14** praeceptum E^2 *in marg.* A^1 *in marg.*: praecipue EA praeceptum. i. B || **15** ingenii mobilis penitentiae B ingenio, mobilis paenitentia *Put.* || **17** auctor iterati *Wex incerta coniectura:* auctoritate EB autoritate A auctor T *Put.* (auctor patrati *Ritt.*) || **20** domitae *Put.:* domitiae E Domitiae AB domitie T | gentes E (*corr.* E^2 *ex* gentis) T gentis AB || **22** plautius E Plantius AB || **26** togidumno E^2 *in marg.* Cogidunno B || **27** vetere ... ut haberet *Rhen.:* ut uetere ... haberet

instrumenta servitutis et reges. mox Didius Gallus parta 2
a prioribus continuit, paucis admodum castellis in
ulteriora promotis, per quae fama aucti officii quae-
reretur. Didium Veranius excepit, isque intra annum
extinctus est. Suetonius hinc Paulinus biennio prosperas 3
res habuit, subactis nationibus firmatisque praesidiis;
quorum fiducia Monam insulam ut vires rebellibus mini-
strantem adgressus terga occasioni patefecit.

15. Namque absentia legati remoto metu Britanni 1
agitare inter se mala servitutis, conferre iniurias et
interpretando accendere: nihil profici patientia nisi ut
graviora tamquam ex facili tolerantibus imperentur.
singulos sibi olim reges fuisse, nunc binos imponi, ex 2
quibus legatus in sanguinem, procurator in bona sae-
viret. aeque discordiam praepositorum, aeque concor-
diam subiectis exitiosam. alterius manus centuriones,
alterius servos vim et contumelias miscere. nihil iam
cupiditati, nihil libidini exceptum. in proelio fortiorem 3
esse qui spoliet: nunc ab ignavis plerumque et imbellibus
eripi domos, abstrahi liberos, iniungi dilectus tamquam
mori tantum pro patria nescientibus. quantulum enim
transisse militum, si sese Britanni numerent? sic Ger-
manias excussisse iugum; et flumine, non Oceano
defendi. sibi patriam coniuges parentes, illis avaritiam 4
et luxuriam causas belli esse. recessuros, ut divus
Iulius recessisset, modo virtutem maiorum suorum
aemularentur. neve proelii unius aut alterius eventu
pavescerent: plus impetus felicibus, maiorem constan-
tiam penes miseros esse. iam Britannorum etiam deos 5
misereri, qui Romanum ducem absentem, qui relegatum
in alia insula exercitum detinerent; iam ipsos, quod

1 et *om.* B | regis *em. Rhen.* | parta priore E^2 *in marg.* || 3 offici E^2 || 7 Nomam B, *item c. 18, 3* || 11 sapientia B || 12 imperantur B || 13.14 et quibus E, *corr.* E^2 || 16 manus E *et* A^1 *corr.*: manum ABT | centurionis, *em. Rhen.* || 17 miscere] ciere E^2 *in marg.* || 20 diripi *Heins.* | dilectus E delectus E^{3}ABT || 22 si sese E^2: si et se E *prob. Till p. 47* || 27 aemularentur neve *Griffin* || 28 felicibus E (*Novák*), *om.* AB || 30 religatum *Lips.* E = H

difficillimum fuerit, deliberare. porro in eius modi con-
siliis periculosius esse deprehendi quam audere.
1 16. His atque talibus in vicem instincti Boudicca
generis regii femina duce (neque enim sexum in imperiis
discernunt) sumpsere universi bellum; ac sparsos per
castella milites consectati, expugnatis praesidiis ipsam
coloniam invasere ut sedem servitutis, nec ullum in bar-
2 baris saevitiae genus omisit ira et victoria. quod nisi
Paulinus cognito provinciae motu propere subvenisset,
amissa Britannia foret; quam unius proelii fortuna
veteri patientiae restituit, tenentibus arma plerisque,
quos conscientia defectionis et proprius ex legato timor
agitabat, ne quamquam egregius cetera adroganter in
deditos et ut suae cuiusque iniuriae ultor durius con-
3 suleret. missus igitur Petronius Turpilianus tamquam
exorabilior et delictis hostium novus eoque paenitentiae
mitior, compositis prioribus nihil ultra ausus Trebellio
Maximo provinciam tradidit. Trebellius segnior et nullis
castrorum experimentis, comitate quadam curandi pro-
vinciam tenuit. didicere iam barbari quoque ignoscere
vitiis blandientibus, et interventus civilium armorum
praebuit iustam segnitiae excusationem; sed discordia
laboratum, cum adsuetus expeditionibus miles otio lasci-
4 viret. Trebellius, fuga ac latebris vitata exercitus ira
indecorus atque humilis, precario mox praefuit, ac velut
pacta exercitus licentia ducis salute, [et] seditio sine

E = H 3 Boudicca *Haase coll. Ann. 14, 37, 2:* uo adicca E bouid|icta E^2 *in marg.* Voadicca A Voaduca B || 7 in barbaris ingeniis E, *cf. A. Schöne, WS. f. kl. Phil. 1912, 272* || 11 tenentibus ⟨tamen⟩ *Ritt.* | plerique B || 12 proprius E *(Rhen.)*: propius AB, *prob. F. Ramorino* || 13 nequaquam (nequam E^2 *in marg.*, A^1 *in marg.*) || 14 cuiusque *Wex:* eiusque (quisque *Nipp.*, exercitusque *Mützell*) | durius] dubius E^2 *in marg.* || 15 missus igitur *post* agitabat *(v. 13) transpos. Doed.* || 16 novis B | nouusque E, *corr.* E^2 || 17 ausis B || 22 seuitiae accusationem B || 23 lasciui sed E, *corr.* E^2 || 25 indecorus E *(Put.)*: indecoris ABT | praebuit E, *corr.* E^2; fuit B || 26 facta (pacta *corr. Nipp.*) exercitus licentia ducis salute E *(haec verba expunxit* E^2*)* A *in marg.:* pacti exercitus licentiam, dux salutem E^2 *in marg.* ABT (*nisi quod* B salute), *prob. Persson et Rob.* | [et] *John et Gud.* (pacti . . . essent *Url.*)

sanguine stetit. nec Vettius Bolanus, manentibus adhuc 5
civilibus bellis, agitavit Britanniam disciplina: eadem
inertia erga hostes, similis petulantia castrorum, nisi
quod innocens Bolanus et nullis delictis invisus carita-
tem paraverat loco auctoritatis.

17. Sed ubi cum cetero orbe Vespasianus et Britan- 1
niam recuperavit, magni duces, egregii exercitus, mi-
nutae hostium spes. et terrorem statim intulit Petilius
Cerialis, Brigantum civitatem, quae numerosissima pro-
vinciae totius perhibetur, adgressus. multa proelia, et
aliquando non incruenta; magnamque Brigantum par-
tem aut victoria amplexus est aut bello. et Cerialis qui- 2
dem alterius successoris curam famamque obruis-
set: subiit sustinuitque molem Iulius Frontinus, vir
magnus, quantum licebat, validamque et pugnacem Si-
lurum gentem armis subegit, super virtutem hostium
locorum quoque difficultates eluctatus.

18. Hunc Britanniae statum, has bellorum vices media 1
iam aestate transgressus Agricola invenit, cum et mili-
tes velut omissa expeditione ad securitatem et hostes ad
occasionem verterentur. Ordovicum civitas haud multo
ante adventum eius alam in finibus suis agentem prope
universam obtriverat, eoque initio erecta provincia. et 2
quibus bellum volentibus erat, probare exemplum ac
recentis legati animum opperiri, cum Agricola, quam-
quam transvecta aestas, sparsi per provinciam numeri,
praesumpta aput militem illius anni quies, tarda et
contraria bellum inchoaturo, et plerisque custodiri su-

1 uectius ABT | uolanus AE || **2** et eadem B || **4** uolanus E Volanus A || **7** minutae E minuta E^2AB || **8** et *ante* minutae *(v. 7) transpos. Gud.* || **9** Cerialis *Lips.*: Caerealis EA cerealis B | Bregantum, *sed in* A *corr. ex* Bregantium || **10** perhiberet B || **11** bregantum E Bregantum *corr. ex* -tium A Bregantium B || **12** cerealis EB Caerealis A || **13** *post* obruisset *Nipp. lac. statuit sic fere explendam:* nisi in medio rerum prosperarum cursu invidia revocatus esset || **14** subiit *om., sed superscr.* E^2, *ut Weiss.* coniecerat (suscepit *antecedente Url. Till p. 50*) || **15.16** silurum armis gentem E, *transpos.* E^2 || **17** locorumque B || **19** iam atate E, *corr.* E^2 || **21** uterentur (*pro* ūterentur) EA | aut E, *corr.* E^2 || **28** incoaturo E, *corr.* E^2 incohaturo B incoaturo A *mut. littera* a *in* h E = H

specta potius videbatur, ire obviam discrimini statuit;
contractisque legionum vexillis et modica auxiliorum
manu, quia in aequum degredi Ordovices non audebant,
ipse ante agmen, quo ceteris par animus simili periculo
3 esset, erexit aciem. caesaque prope universa gente, non
ignarus instandum famae ac, prout prima cessissent,
terrorem ceteris fore, Monam insulam, cuius posses-
sione revocatum Paulinum rebellione totius Britanniae
supra memoravi, redigere in potestatem animo intendit.
4 sed, ut in subitis consiliis, naves deerant: ratio et con-
stantia ducis transvexit. depositis omnibus sarcinis lec-
tissimos auxiliarium, quibus nota vada et patrius nandi
usus, quo simul seque et arma et equos regunt, ita re-
pente immisit, ut obstupefacti hostes, qui classem, qui
navis, qui mare exspectabant, nihil arduum aut invictum
5 crediderint sic ad bellum venientibus. ita petita pace ac
dedita insula clarus ac magnus haberi Agricola, quippe
cui ingredienti provinciam, quod tempus alii per osten-
tationem et officiorum ambitum transigunt, labor et peri-
6 culum placuisset. nec Agricola prosperitate rerum in
vanitatem usus expeditionem aut victoriam vocabat vic-
tos continuisse; ne laureatis quidem gesta prosecutus
est, sed ipsa dissimulatione famae famam auxit, aesti-
mantibus quanta futuri spe tam magna tacuisset.
1 19. Ceterum animorum provinciae prudens, simulque
doctus per aliena experimenta parum profici armis, si
iniuriae sequerentur, causas bellorum statuit excidere.
2 a se suisque orsus primum domum suam coercuit, quod
plerisque haud minus arduum est quam provinciam re-
gere. nihil per libertos servosque publicae rei, non stu-
diis privatis nec ex commendatione aut precibus centu-

E = H **3** degredi E *(Acid.)*: digredi AB *(cf. ad 6, 1)* || **4** animo E, *corr.* E^2 || **7** tenorem *Boot* | cumius E, *corr.* E^2 | ⟨a⟩ cuius *Bip., at cf. Loefst., Syntactica I² 1942, 293 sq.* || **10** subitis E *(J. Fr. Gron.)*: dubiis AB || **11** transuex̄ E T: tranuex̄ E^2A tranare extra B || **12** patrius E p̃rius A prius B || **16** potita B || **20** speritate E, *corr. in* prosperitate E^2 || **21** usus] versus *Corn.* || **22** continuit sine E, nuit si *del.* E^2 *et add. in marg.* nuisse | ne] nec B || **27** incuriae B | excindere *Aldus* || **28** primam EA || **30** libertos E *(Put.)*: liberos AB || **31** priuatis EA: priuatus E^2 *in marg.* priuatius B

rionem militesve adscire, sed optimum quemque fidis-
simum putare. omnia scire, non omnia exsequi. parvis 3
peccatis veniam, magnis severitatem commodare; nec
poena semper, sed saepius paenitentia contentus esse;
officiis et administrationibus potius non peccaturos prae-
ponere, quam damnare cum peccassent. frumenti et tri- 4
butorum exactionem aequalitate munerum mollire, cir-
cumcisis quae in quaestum reperta ipso tributo gravius
tolerabantur. namque per ludibrium adsidere clausis
horreis et emere ultro frumenta ac luere pretio coge-
bantur; divortia itinerum et longinquitas regionum in-
dicebatur, ut civitates proximis hibernis in remota et
avia deferrent, donec quod omnibus in promptu erat
paucis lucrosum fieret.

20. Haec primo statim anno comprimendo egregiam 1
famam paci circumdedit, quae vel incuria vel intoleran-
tia priorum haud minus quam bellum timebatur. sed ubi 2
aestas advenit, contracto exercitu multus in agmine,
laudare modestiam, disiectos coercere; loca castris ipse
capere, aestuaria ac silvas ipse praetemptare; et nihil
interim apud hostes quietum pati, quo minus subitis
excursibus popularetur; atque ubi satis terruerat, par-
cendo rursus incitamenta pacis ostentare. quibus rebus 3
multae civitates, quae in illum diem ex aequo egerant,
datis obsidibus iram posuere, et praesidiis castellisque
circumdatae, tanta ratione curaque, ut nulla ante Bri-
tanniae nova pars ⟨pariter⟩ inlacessita transierit.

21. Sequens hiems saluberrimis consiliis adsumpta. 1

1 militesve ascire *Wex* (adscire *Goelzer*): milites nescire (*sed corr. ex* scire E^2) E = H || 7 exactionem E^2 *et* A *in marg.* B: auctionem EA *et* B *in marg.* | mae qualitate E equalitate T inaequalitate AB (aequitate *Mur.*) || 8 circumcisisq; AB || 9 adsedere E, *corr.* E^2 || 10 luere E (*Wex*), *prob. Meister:* ludere AB || 11 devortia *Lips.* || 12 ⟨pro⟩ proximis *Bezz.* || 16 sine curia E, *corr.* E^2 || 18 multus EA: multum B *et* A^1 *corr.* || 23 irritamenta, *sed* A^1 *corr. in* incitamenta (invitamenta *Acid.*; irritamenta *def. M. Spilmann, Cl. Phil. 24, 1929, 376 sqq.*) || 26 tanta E (*Rhen.*): et tanta E^{2}AB || 27 ⟨pariter⟩ *Weiss.*; ⟨perinde⟩ *Ritt.* || 28 hiemps E | absumpta *Rhen.*

namque ut homines dispersi ac rudes eoque in bella
faciles quieti et otio per voluptates adsuescerent, hortari
privatim, adiuvare publice, ut templa fora domos ex-
struerent, laudando promptos, castigando segnes: ita
2 honoris aemulatio pro necessitate erat. iam vero prin-
cipum filios liberalibus artibus erudire, et ingenia Bri-
tannorum studiis Gallorum anteferre, ut qui modo lin-
guam Romanam abnuebant, eloquentiam concupiscerent.
inde etiam habitus nostri honor et frequens toga; paula-
timque discessum ad delenimenta vitiorum, porticus et
balinea et conviviorum elegantiam. idque apud imperitos
humanitas vocabatur, cum pars servitutis esset.
1 22. Tertius expeditionum annus novas gentes aperuit,
vastatis usque ad Tanaum (aestuario nomen est) natio-
nibus. qua formidine territi hostes quamquam conflicta-
tum saevis tempestatibus exercitum lacessere non ausi;
2 ponendisque insuper castellis spatium fuit. adnotabant
periti non alium ducem opportunitates locorum sapien-
tius legisse; nullum ab Agricola positum castellum aut
vi hostium expugnatum aut pactione ac fuga desertum;
nam adversus moras obsidionis annuis copiis firmaban-
3 tur. ita intrepida ibi hiems, crebrae eruptiones et sibi
quisque praesidio, inritis hostibus eoque desperantibus,
quia soliti plerumque damna aestatis hibernis eventibus
4 pensare tum aestate atque hieme iuxta pellebantur. nec
Agricola umquam per alios gesta avidus intercepit: seu
centurio seu praefectus incorruptum facti testem habe-
bat. apud quosdam acerbior in conviciis narrabatur, et
erat ut comis bonis, ita adversus malos iniucundus. cete-

E = H **1** bella *Bosius:* bello (bellum *Rhen.*) || **2** et otio E^2 *in marg.* AB: in otio E || **4** et castigando AB || **5** honor et aemulatio E, *corr.* E^2 || **10** descensum *Pich., sed cf. Valm., Riv. fil. 46, 1918, 221* | delenimenta E: delinimenta A deliniamenta B || **11** balinea E *et* A^1 *corr.*: balnea E^2 *in marg.* A balneas B || **14** tanaum EAB: taum E^2 *in marg.* Taus sive Tanaus A^1 *in marg.* (Tavum *Glück;* Tavam *Nipp. prob. Mommsen, at cf. Till p. 53*) || **17** castellis] telis E^2 *in marg.* || **19** nullum agricola E, *corr.* E^2 || **20** ac] aut E^2 *in marg.* B || **22** hiemps E | crebrae eruptiones (*corr. ex* eruptionis E^2) *huc transpos. Halm, codd. post* desertum *(v. 20) habent* || **26** auidius B || **28** conuitiis E *(corr.* E^2*)* conviviis A (*corr.* A^1)B | et erat ut *Heinrichsen:* ut erat *prob. Eriksson* (et ut erat *Purser*)

rum ex iracundia nihil supererat secretum, ut silentium eius non timeres: honestius putabat offendere quam odisse.

23. Quarta aestas obtinendis quae percucurrerat insumpta; ac si virtus exercitus et Romani nominis gloria pateretur, inventus in ipsa Britannia terminus. namque Clota et Bodotria diversi maris aestibus per immensum revectae, angusto terrarum spatio dirimuntur; quod tum praesidiis firmabatur atque omnis propior sinus tenebatur, summotis velut in aliam insulam hostibus.

24. Quinto expeditionum anno nave prima transgres- 1
sus ignotas ad id tempus gentes crebris simul ac prosperis proeliis domuit; eamque partem Britanniae quae Hiberniam aspicit copiis instruxit, in spem magis quam ob formidinem, si quidem Hibernia, medio inter Britanniam atque Hispaniam sita et Gallico quoque mari opportuna, valentissimam imperii partem magnis in vicem
usibus miscuerit. spatium eius, si Britanniae compare- 2
tur, angustius, nostri maris insulas superat. solum caelumque et ingenia cultusque hominum haud multum a Britannia differunt [in melius]; aditus portusque per
commercia et negotiatores cogniti. Agricola expulsum 3
seditione domestica unum ex regulis gentis exceperat ac specie amicitiae in occasionem retinebat. saepe ex eo audivi legione una et modicis auxiliis debellari obtinerique Hiberniam posse; idque etiam adversus Britanniam profuturum, si Romana ubique arma, et velut e conspectu libertas tolleretur.

25. Ceterum aestate, qua sextum officii annum inco- 1
habat, amplexus civitates trans Bodotriam sitas, quia motus universarum ultra gentium et infesta hostili exercitu itinera timebantur, portus classe exploravit;

1 erat E, super *add.* E^2 | ut] vel *Fr. Jacob* || 4 percurrerat B || E = H
5 exercitus E: exercituum E^2AB | gloria *om.* B || 8 reductae *Corn.* || 9 proprior EB || 15 ob] in B || 17 uolentissimam E^2 || 20 aut E, *corr.* E^2 || 21 differt, *em. Rhen.* | [in melius] *Wex, cf. E. Norden, Germ. Urgesch. 1923, 457 adn. 1; Nachtr. p. 512* | per] et B || 23 gente E^2 *in marg.* || 30 uodotriam E, *corr.* E^2 *in marg.* || 31 hostili exercitu E^2 *in marg. (Rhen.)*: hostilis exercitus || 32 timebantur E *(Put.)*: timebant AB | explorabit E, *corr.* E^2

quae ab Agricola primum adsumpta in partem virium
sequebatur egregia specie, cum simul terra, simul mari
bellum impelleretur, ac saepe isdem castris pedes eques-
que et nauticus miles mixti copiis et laetitia sua quisque
facta, suos casus attollerent, ac modo silvarum ac mon-
tium profunda, modo tempestatum ac fluctuum adversa,
hinc terra et hostis, hinc victus Oceanus militari iactan-
2 tia compararentur. Britannos quoque, ut ex captivis
audiebatur, visa classis obstupefaciebat, tamquam aperto
maris sui secreto ultimum victis perfugium clauderetur.
3 ad manus et arma conversi Caledoniam incolentes po-
puli magno paratu, maiore fama, uti mos est de ignotis,
oppugnare ultro castellum adorti, metum ut provocantes
addiderant; regrediendumque citra Bodotriam et ceden-
dum potius quam pellerentur ignavi specie prudentium
admonebant, cum interim cognoscit hostis pluribus
4 agminibus inrupturos. ac ne superante numero et peri-
tia locorum circumiretur, diviso et ipse in tres partes
exercitu incessit.
1 26. Quod ubi cognitum hosti, mutato repente consilio
universi nonam legionem ut maxime invalidam nocte
adgressi, inter somnum ac trepidationem caesis vigili-
bus inrupere. iamque in ipsis castris pugnabatur, cum
Agricola iter hostium ab exploratoribus edoctus et
vestigiis insecutus, velocissimos equitum peditumque
adsultare tergis pugnantium iubet, mox ab universis
2 adici clamorem; et propinqua luce fulsere signa. ita
ancipiti malo territi Britanni; et nonanis rediit animus,
ac securi pro salute de gloria certabant. ultro quin etiam
erupere, et fuit atrox in ipsis portarum angustiis proe-
lium, donec pulsi hostes, utroque exercitu certante, his,

E = H 1 ⟨tum⟩ primum *Prammer* | virium] uinum E^2 *in marg.* || 2 species *Mützell* || 3 impellitur, *em. Rhen.* || 4 mixto E^2 *in marg.* || 5 adtollerant E, *corr.* E^2 || 6 fluctum E, *corr.* E^2 || 8 Britannosque *Gud.* || 11 incolentes E^2: incolentis EAB || 12 paratu magno AB || 13 oppugnare E *(Put.)*: oppugnasse ABT | castellum E: castella E^2 *in marg.* AB || 14 bodotria E, *corr.* E^2 | et cedendum E^{2}T: excedendum E et excedendum AB || 15 prudentium] um *ex* e *corr.* A^1 || 16 hostibus E, *corr.* E^1 || 20 incognitum E, *corr.* E^2 || 25 peditum E, *corr.* E^2 || 28 nonanis ET: Romanis E *m. rec.* AB | redit, *em. Wex* || 30 erupere *corr.* A^1 *ex* irrupere

ut tulisse opem, illis, ne eguisse auxilio viderentur. quod
nisi paludes et silvae fugientes texissent, debellatum illa
victoria foret.

27. Cuius conscientia ac fama ferox exercitus nihil 1
virtuti suae invium et penetrandam Caledoniam in-
veniendumque tandem Britanniae terminum continuo
proeliorum cursu fremebant. atque illi modo cauti ac
sapientes prompti post eventum ac magniloqui erant.
iniquissima haec bellorum condicio est: prospera omnes
sibi vindicant, adversa uni imputantur. at Britanni non 2
virtute se victos, sed occasione et arte ducis rati, nihil
ex adrogantia remittere, quo minus iuventutem arma-
rent, coniuges ac liberos in loca tuta transferrent, coeti-
bus et sacrificiis conspirationem civitatum sancirent.
atque ita irritatis utrimque animis discessum.

28. Eadem aestate cohors Usiporum per Germanias 1
conscripta et in Britanniam transmissa magnum ac me-
morabile facinus ausa est. occiso centurione ac militi-
bus, qui ad tradendam disciplinam immixti manipulis
exemplum et rectores habebantur, tres liburnicas adactis
per vim gubernatoribus ascendere; et uno † remigante,
suspectis duobus eoque interfectis, nondum vulgato
rumore ut miraculum praevehebantur. mox ⟨ubi⟩ ad 2
aquam atque ut⟨ens⟩ilia rapt⟨um ex⟩issent, cum ple-
risque Britannorum sua defensantium proelio congressi
ac saepe victores, aliquando pulsi, eo ad extremum
inopiae venere, ut infirmissimos suorum, mox sorte
ductos vescerentur. atque ita circumvecti Britanniam, 3
amissis per inscitiam regendi navibus, pro praedonibus

1 ut tulisse E *(Put.)*: intulisse E *m. rec.* ABT || 2 rexissent B || E = H
4 conscientiae E, *corr.* E² || 5 penetrandum B || 7 proeliorum *Rhen.*: proelium E praelium AB || 11 se victos *om.* AB || 14 et E: ac AB || 16 usipiorum B || 17 britannias E || 19 inmixti E *(Put.)*: inmixtis E² *in marg.* AB || 20 Tris B || 21 remigrante *Put.*, ⟨retro⟩ remigante *Gud.*, *al. al.*, *nemo probabiliter* || 23 praebebantur *et* E² *et* A *in marg.* | mox ⟨ubi⟩ *(add. Her.)* ad aquam (aquandum *Halm*) atque ut⟨ens⟩ilia *(ita coniecit Selling)* rapt⟨um ex⟩issent, cum *Till p. 59 incerta coniectura* (raptum egressi et cum *Ritt. praeced. Eussner*): mox ad aquam (*corr.* E² *ex* ad quam) atque utilia raptis se cum || 27 mox] morum B || 29 scitiam E, *corr.* E²

habiti, primum a Suebis, mox a Frisiis intercepti sunt.
ac fuere quos per commercia venumdatos et in nostram
usque ripam mutatione ementium adductos indicium
tanti casus inlustravit.
1 29. Initio ⟨insequentis⟩ aestatis Agricola domestico
vulnere ictus anno ante natum filium amisit. quem casum
neque ut plerique fortium virorum ambitiose, neque per
lamenta rursus ac maerorem muliebriter tulit; et in
2 luctu bellum inter remedia erat. igitur praemissa classe,
quae pluribus locis praedata magnum et incertum ter-
rorem faceret, expedito exercitu, cui ex Britannis for-
tissimos et longa pace exploratos addiderat, ad montem
3 Graupium pervenit, quem iam hostis insederat. nam
Britanni nihil fracti pugnae prioris eventu et ultionem
aut servitium exspectantes tandemque docti commune
periculum concordia propulsandum, legationibus et
4 foederibus omnium civitatium vires exciverant. iamque
super triginta milia armatorum aspiciebantur, et adhuc
adfluebant omnis iuventus et quibus cruda ac viridis
senectus, clari bello et sua quisque decora gestantes,
cum inter plures duces virtute et genere praestans no-
mine Calgacus apud contractam multitudinem proelium
poscentem in hunc modum locutus fertur:
1 30. 'Quotiens causas belli et necessitatem nostram in-
tueor, magnus mihi animus est hodiernum diem consen-
sumque vestrum initium libertatis toti Britanniae fore;
nam et universi coistis et servitutis expertes et nullae
ultra terrae ac ne mare quidem securum imminente no-
bis classe Romana. ita proelium atque arma, quae for-
tibus honesta, eadem etiam ignavis tutissima sunt.
2 priores pugnae, quibus adversus Romanos varia fortuna

E = H 1 primum E A: primo dum B | Suevis B || 3 iudicium B || 5 ⟨VII⟩ (*i. e.* septimae) initio *Brotier* | ⟨insequentis⟩ *Koest.* (⟨sequentis⟩ *Hanslik*) || 8 in luctu] inlustrans E^2 *in marg.* || 10 praedatum E, *corr.* E^2 || 13 graupiam A || 15.16 periculum commune A, *sed transpos.* A^1 || 17 ciuitatium E B: ciuitatum A || 18 XXX] LXXX *Nipp.*, CXXX *Url.* || 19 adfluebat E^2 | uiridis E *m. rec.* ABT: uiris E uirens E^2 *in marg.* A^1 *in marg.* || 22 galgacus A, *sed corr.* A^1|| 25 consensumque uestrum hod. diem E, *transpos.* E^2 | consensusque B || 27 coistis et E: colitis et T *om.* AB (et *del. Gud.*)

certatum est, spem ac subsidium in nostris manibus
habebant, quia nobilissimi totius Britanniae eoque in
ipsis penetralibus siti nec ulla servientium litora
aspicientes, oculos quoque a contactu dominationis in-
violatos habebamus. nos terrarum ac libertatis extremos 3
recessus ipse ac sinus famae in hunc diem defendit: nunc
terminus Britanniae patet, atque omne ignotum pro ma-
gnifico est; sed nulla iam ultra gens, nihil nisi fluctus ac
saxa, et infestiores Romani, quorum superbiam frustra
per obsequium ac modestiam effugias. raptores orbis, 4
postquam cuncta vastantibus defuere terrae, mare scru-
tantur: si locuples hostis est, avari, si pauper, ambitiosi,
quos non Oriens, non Occidens satiaverit: soli omnium
opes atque inopiam pari adfectu concupiscunt. auferre
trucidare rapere falsis nominibus imperium, atque ubi
solitudinem faciunt, pacem appellant.

31. Liberos cuique ac propinquos suos natura carissi- 1
mos esse voluit: hi per dilectus alibi servituri auferuntur;
coniuges sororesque etiam si hostilem libidinem effu-
gerunt, nomine amicorum atque hospitum polluuntur.
bona fortunaeque in tributum, ager atque annus in fru-
mentum, corpora ipsa ac manus silvis ac paludibus emu-
niendis inter verbera et contumelias conteruntur. nata 2
servituti mancipia semel veneunt, atque ultro a dominis
aluntur: Britannia servitutem suam cotidie emit, cotidie
pascit. ac sicut in familia recentissimus quisque servo-
rum etiam conservis ludibrio est, sic in hoc orbis terra-
rum vetere famulatu novi nos et viles in excidium
petimur; neque enim arva nobis aut metalla aut portus
sunt, quibus exercendis reservemur. virtus porro ac 3
ferocia subiectorum ingrata imperantibus; et longin-

1 ac] ad E² *in marg.* | nauibus B || **3** nec ulla E: nec AB || **4** con- E = H
pactu E² *in marg.* || **6** fama *Boxhorn* | nunc E²ABT: tum E (iam *Hedicke*) || **7** paret E, *corr.* E² | atque ... sed *post* defendit *v. 6 transpos. Brueys, sed cf. P. Persson, Krit.-exeg. Bemerk. p. 68 sq.; verba secl. Mur.* || **8** ac E: et AB || **10** effugias ET: effugeris AB || **11** terrae mare E: terram et mare E²ABT (⟨iam⟩ et mare *Halm*) || **18** delectus E *(corr. m. rec.)* ABT || **19** effugerunt ET: effugiant AB || **21** ageratq. ET (ager atque *iam coniec. F. Jacob*): aggerat AB || **23** et E: ac AB | conterunt, *em. Jacob* || **27** etiam *om.* B

quitas ac secretum ipsum quo tutius, eo suspectius. ita
sublata spe veniae tandem sumite animum, tam quibus
4 salus quam quibus gloria carissima est. Brigantes fe-
mina duce exurere coloniam, expugnare castra, ac nisi
felicitas in socordiam vertisset, exuere iugum potuere:
nos integri et indomiti et in libertatem, non in paeniten-
tiam laturi primo statim congressu ostendamus, quos
sibi Caledonia viros seposuerit.
1 32. An eandem Romanis in bello virtutem quam in
pace lasciviam adesse creditis? nostris illi dissensioni-
bus ac discordiis clari vitia hostium in gloriam exer-
citus sui vertunt; quem contractum ex diversissimis gen-
tibus ut secundae res tenent, ita adversae dissolvent, nisi
si Gallos et Germanos et (pudet dictu) Britannorum
plerosque, licet dominationi alienae sanguinem commo-
dent, diutius tamen hostes quam servos, fide et adfectu
2 teneri putatis. metus ac terror sunt infirma vincla cari-
tatis; quae ubi removeris, qui timere desierint, odisse
incipient. omnia victoriae incitamenta pro nobis sunt:
nullae Romanos coniuges accendunt, nulli parentes fu-
gam exprobraturi sunt; aut nulla plerisque patria aut
alia est. paucos numero, trepidos ignorantia, caelum
ipsum ac mare et silvas, ignota omnia circumspectantes,
clausos quodam modo ac vinctos di vobis tradiderunt.
3 ne terreat vanus aspectus et auri fulgor atque argenti,
quod neque tegit neque vulnerat. in ipsa hostium acie
inveniemus nostras manus: agnoscent Britanni suam
causam, recordabuntur Galli priorem libertatem, tam
deserent illos ceteri Germani, quam nuper Usipi reli-
querunt. nec quicquam ultra formidinis: vacua castella,
senum coloniae, inter male parentes et iniuste imperan-

E = H 3 clarissima B || 6 in patientiam *Wölffl.* || 7 ⟨arma⟩ laturi *Mohr* || 8 calydonia E *ac sic passim* calidonia A || 14 dicto E, *corr.* E^2 || 15 commendent, *em. Put.* || 17 terror ac metus T | sunt *Ber.*: est, *def. vix recte Wex aliique* || 22 circum *(om.* E; *praeceptum e versu sequ. del. Heum.)* trepidos E^2AB || 23 siluis B || 24 uobis E *(cf. Sörb. Var. serm. Tac. p. 74)*: nobis AB || 28 itam (i *del.* E^2) deserent . . . quam E: deserent . . . tamquam E^2 *in marg.* AB || 30 Nequicquam E *(corr.* E^2*)* A Nequaquam B

tes aegra municipia et discordantia. hic dux, hic exer- 4
citus; ibi tributa et metalla et ceterae servientium poe-
nae, quas in aeternum perferre aut statim ulcisci in hoc
campo est. proinde ituri in aciem et maiores vestros et
posteros cogitate.'

33. Excepere orationem alacres, ut barbaris moris, fre- 1
mitu cantuque et clamoribus dissonis. iamque agmina
et armorum fulgores audentissimi cuiusque procursu;
simul instruebatur acies, cum Agricola quamquam lae-
tum et vix munimentis coercitum militem accendendum
adhuc ratus, ita disseruit: 'septimus annus est, com- 2
militones, ex quo ⟨vestra⟩ virtute et auspiciis imperii Ro-
mani, fide atque opera nostra Britanniam vicistis. tot
expeditionibus, tot proeliis, seu fortitudine adversus
hostes seu patientia ac labore paene adversus ipsam
rerum naturam opus fuit, neque me militum neque vos
ducis paenituit. ergo egressi, ego veterum legatorum, 3
vos priorum exercituum terminos, finem Britanniae non
fama nec rumore, sed castris et armis tenemus: inventa
Britannia et subacta. equidem saepe in agmine, cum vos 4
paludes montesve et flumina fatigarent, fortissimi cuius-
que voces audiebam: 'quando dabitur hostis, quando
acies?' veniunt, e latebris suis extrusi, et vota virtus-
que in aperto, omniaque prona victoribus atque eadem
victis adversa. nam ut superasse tantum itineris, evasisse 5
silvas, transisse aestuaria pulchrum ac decorum in fron-
tem, ita fugientibus periculosissima quae hodie prosper-
rima sunt; neque enim nobis aut locorum eadem notitia
aut commeatuum eadem abundantia, sed manus et arma
et in his omnia. quod ad me attinet, iam pridem mihi 6

1 taetra mancipia E^2 *in marg.* A^1 *in marg.* || 6 ⟨et⟩ ut *Walther, sed cf. Persson p. 70 sqq.* | cantu fremituque AB || 8 procursus E, *sed* s *expunctum* || 6 instituebatur E^2 *in marg.* A^1 *in marg.* || 10 munimentis E^2 *in marg.* A^1 *in marg.* B: monitis EAT || 11 septimus *Acid.:* octauus *(lect. def. Lundström, at cf. Persson p. 72)* || 12 vestra *add. Nipp.* (*sed post* virtute) || 13 vestra *Put.* || 17 ego] ergo B || 18 exercitum E, *corr.* E^2 || 21 montesque *Url.* || 22 vocem T || 23 acies *Rhen.:* animus (feriemus *Meister*) || 24 omnia quae E, *corr.* E^2 || 25 silvas evasisse AB || 27 ita *Rhen.:* item | riculosissima E, *corr.* E^2 E = H

decretum est neque exercitus neque ducis terga tuta esse.
proinde et honesta mors turpi vita potior, et incolumitas
ac decus eodem loco sita sunt; nec inglorium fuerit in
ipso terrarum ac naturae fine cecidisse.
1 34. Si novae gentes atque ignota acies constitisset,
aliorum exercituum exemplis vos hortarer: nunc vestra
decora recensete, vestros oculos interrogate. hi sunt, quos
proximo anno unam legionem furto noctis adgressos
clamore debellastis; hi ceterorum Britannorum fuga-
2 cissimi ideoque tam diu superstites. quo modo silvas
saltusque penetrantibus fortissimum quodque animal
contra ruere, pavida et inertia ipso agminis sono pelle-
bantur, sic acerrimi Britannorum iam pridem ceciderunt,
3 reliquus est numerus ignavorum et timentium. quos quod
tandem invenistis, non restiterunt, sed deprehensi sunt:
novissimae res et extremo metu torpor defixere aciem in
his vestigiis, in quibus pulchram et spectabilem victoriam
ederetis. transigite cum expeditionibus, imponite quin-
quaginta annis magnum diem, adprobate rei publicae
numquam exercitui imputari potuisse aut moras belli
aut causas rebellandi.'
1 35. Et adloquente adhuc Agricola militum ardor emine-
bat, et finem orationis ingens alacritas consecuta est,
2 statimque ad arma discursum. instinctos ruentesque ita
disposuit, ut peditum auxilia, quae octo milium erant,
mediam aciem firmarent, equitum tria milia cornibus
affunderentur. legiones pro vallo stetere, ingens victo-
riae decus citra Romanum sanguinem bellandi, et auxi-
3 lium, si pellerentur. Britannorum acies in speciem simul
ac terrorem editioribus locis constiterat ita, ut primum

E = H 2 et honesta — potior *posuit Nipp. post* sita sunt *(v. 3) deleto* et *ante* incolumitas || 11 quodque A^1 *in marg.:* quoque EAB || 12 ruere EAB: ruebant E^2 *in marg.* (ruebat *And.*) | pelluntur *Put.* || 14 reliquis E, *corr.* E^2 | et timentium *Till p. 65:* dementium E et metuentium E^2 *in marg.* AB dementium et metuentium T || 16 torpor *Ritt. incerta coniectura*: corpora (novissimae res extremo metu corpora defixere [*om.* aciem] *Wex,* nov. res et extremus metus torpore defixere aciem *Schöm., al. al.*) || 20 inputari E *(Put.):* imputare AB || 21 bellandi E^2 *in marg.* || 22 ardor em inebat E, *corr.* E^2 || 28 bellanti *Rhen.*

agmen in aequo, ceteri per acclive iugum conexi velut
insurgerent; media campi covinnarius eques strepitu ac
discursu conplebat. tum Agricola superante hostium 4
multitudine veritus, ne in frontem simul et latera suorum
pugnaretur, diductis ordinibus, quamquam porrectior
acies futura erat et arcessendas plerique legiones ad-
monebant, promptior in spem et firmus adversis, dimisso
equo pedes ante vexilla constitit.

36. Ac primo congressu eminus certabatur; simulque 1
constantia, simul arte Britanni ingentibus gladiis et bre-
vibus caetris missilia nostrorum vitare vel excutere,
atque ipsi magnam vim telorum superfundere, donec
Agricola quattuor Batavorum cohortes ac Tungrorum
duas cohortatus est, ut rem ad mucrones ac manus ad-
ducerent; quod et ipsis vetustate militiae exercitatum et
hostibus inhabile [parva scuta et enormes gladios geren-
tibus]; nam Britannorum gladii sine mucrone com-
plexum armorum et in arto pugnam non tolerabant.
igitur ut Batavi miscere ictus, ferire umbonibus, ora 2
foedare, et stratis qui in aequo adstiterant, erigere in
colles aciem coepere, ceterae cohortes aemulatione et
impetu conisae proximos quosque caedere; ac plerique
semineces aut integri festinatione victoriae relinque-
bantur. interim equitum turmae, ⟨ut⟩ fugere covinnarii, 3
peditum se proelio miscuere. et quamquam recentem ter-
rorem intulerant, densis tamen hostium agminibus et
inaequalibus locis haerebant; minimeque equestris ea

1 agmen in aequo ceteri *Bekker:* agminae quoceteri E (quo E = H
steteri, *ut vid.*, E^2 *in marg.*) agmine quo AB | conuexi, *em. Put.* ||
2 conuinnarius EA couinarius B | ⟨et⟩ eques *Rhen.* || 4 ne *Fr.:*
ne simul | latera] altera B || 6 accersendas E^2 *in marg.* || 9 simulque]
que *del.* A^1 || 13 quattuor *om.* AB | uatauorum E batavorum E^2 *in
marg.* || 15 uetustatenniliae E || 16 inhabitabile E, *corr.* E^2 | [par-
va — gerentibus] *Wex* || 17 [nam — tolerabant] *Haase* || 18 arto
Fr. Medicis: aperto || 20 foedare (fodere *Gesner*) et stratis *Ern.:*
foedare et tratis E (foede recti trates. uel traces E^2 *in marg.*) AB
foedare et tractis T || 21 capere B || 24 ⟨ut⟩ *Död.*, ⟨ubi⟩ (*vel* fu-
gere ⟨enim⟩) *Wex* | conuinnarii A || 25 recentes B || 27 minimeque
equestris ea pugnae facies *Rhen.:* minimeque equestres ea (eque-
stris E^2 *et in marg. add.* ei) enim pugnae facies (minimeque aequa
nostris iam pugnae facies *Anquetil, sed cf. Till p. 67*)

[enim] pugnae facies erat, cum aegre clivo adstantes simul equorum corporibus impellerentur; ac saepe vagi currus, exterriti sine rectoribus equi, ut quemque formido tulerat, transversos aut obvios incursabant.

1 37. Et Britanni, qui adhuc pugnae expertes summa
collium insederant et paucitatem nostrorum vacui sper-
nebant, degredi paulatim et circumire terga vincentium
coeperant, ni id ipsum veritus Agricola quattuor equi-
tum alas, ad subita belli retentas, venientibus opposuis-
set, quantoque ferocius accucurrerant, tanto acrius pul-
2 sos in fugam disiecisset. ita consilium Britannorum in
ipsos versum, transvectaeque praecepto ducis a fronte
pugnantium alae aversam hostium aciem invasere. tum
vero patentibus locis grande et atrox spectaculum: sequi
vulnerare capere, atque eosdem oblatis aliis trucidare.
3 iam hostium, prout cuique ingenium erat, catervae ar-
matorum paucioribus terga praestare, quidam inermes
ultro ruere ac se morti offerre. passim arma et corpora
et laceri artus, et cruenta humus; et aliquando etiam
4 victis ira virtusque. nam postquam silvis appropinqua-
verunt, primos sequentium incautos collecti et locorum
gnari circumveniebant. quod ni frequens ubique Agri-
cola validas et expeditas cohortes indaginis modo, et
sicubi artiora erant, partem equitum dimissis equis,
simul rariores silvas equitem persultare iussisset, accep-
5 tum aliquod vulnus per nimiam fiduciam foret. ceterum
ubi compositos firmis ordinibus sequi rursus videre, in
fugam versi, non agminibus, ut prius, nec alius alium

E = H 1 aegre clivo adstantes *Andr.* (inst. *Schöm.*): aegra (egra AB) diu aut stante (aegre se sustentantes *H. Schütz; al. al.*) || 3 inerectoribus E, *corr.* E[2] || 5 expertis EA | summam A, *sed corr.* A[1] || 6 paucitate E, *corr.* E[2] | [vacui] *Gud.* | spernabant E, *corr.* E[2] || 7 digredi B | et] ac B || 8 ni] in B || 10 occurrerant B accurrerant *Put.* | pulso E, *corr.* E[2] || 15 oblatis E *(Rhen.)*: ablatis AB || 17 praestare] praebere E[2] *in marg.* || 20 nam, *quod* E *post* adpropinquaverunt *habet, huc transtulit Andr.; A eodem loco habet* ntem, B item (inde *Ritt.; del. Nipp.*) || 22 gnari *Dronke:* ignari (ignaros *Put.*, ignaros gnari *al.*) | ni] in B || 23 *post* modo *Nipp. signum lac. pos.* || 24 dimissis qui simulati E[2] *in marg.* || 25 equitem *Rhen.:* equite EA equites B | persultare *Rhen.:* persultari EA perlustrari B (perscrutari *Corn.*) || 27 seque E, *corr.* E[2] || 28 uersi E *(Put.)*: uersis AB

respectantes: rari et vitabundi in vicem longinqua atque
avia petiere. finis sequendi nox et satietas fuit. caesa 6
hostium ad decem milia; nostrorum trecenti sexaginta
cecidere, in quis Aulus Atticus praefectus cohortis,
iuvenili ardore et ferocia equi hostibus inlatus.

38. Et nox quidem gaudio praedaque laeta victoribus: 1
Britanni palantes mixto virorum mulierumque ploratu
trahere vulneratos, vocare integros, deserere domos ac
per iram ultro incendere, eligere latebras et statim relin-
quere; miscere in vicem consilia aliqua, dein separare;
aliquando frangi aspectu pignorum suorum, saepius
concitari. satisque constabat saevisse quosdam in con-
iuges ac liberos, tamquam misererentur. proximus dies 2
faciem victoriae latius aperuit: vastum ubique silentium,
secreti colles, fumantia procul tecta, nemo exploratori-
bus obvius. quibus in omnem partem dimissis, ubi in-
certa fugae vestigia neque usquam conglobari hostes
compertum et exacta iam aestate spargi bellum nequibat,
in finis Borestorum exercitum deducit. ibi acceptis ob- 3
sidibus praefecto classis circumvehi Britanniam prae-
cipit. datae ad id vires, et praecesserat terror. ipse
peditem atque equites lento itinere, quo novarum gen-
tium animi ipsa transitus mora terrerentur, in hibernis
locavit. et simul classis secunda tempestate ac fama 4
Trucculensem portum tenuit, unde proximo Britanniae
latere praelecto omni redierat.

39. Hunc rerum cursum, quamquam nulla verborum 1
iactantia epistulis Agricolae auctum, ut erat Domitiano

1 ⟨sed⟩ rari *ed. Bip.* || **4** queis B || **5** iuuenali E, *corr. m. rec.* | in-lati E, *corr.* E^2, *ut vid.* || **7** brittanni E (*Put.*): Britannique AB | mixtoque AB || **10** [aliqua] *Cl.* | deinde B || **14** ibique E, *corr.* E^2 || **16** demissis E, *corr.* E^2 || **18** (et exacta—nequibat) *dist. vulgo* || **19** re-ducit E^2 *in marg.* || **20** profecto B || **23** terrentur B || **25** trucculensem EA (s *corr. ex* f A^1): trutulensem E^2 *in marg.* Trutu. Al. A^1 *in marg.* trutulens est B | proximo ⟨anno⟩ *Madv.* || **26** litore *Pich.* | prelecto TA^1 *in marg.:* prelecta E lecto E^2 *in marg.* AB | omni E^2AB: omnis E || **27** ulla E, *corr.* E^2 in illa B || **28** actum, *em. Lips.* | ut erat domitianus E (domitiano moris E^2 *in marg.*) A^1 *in marg.* ut domitiano moris erat A ut Domitianus erat B

E = H

moris, fronte laetus, pectore anxius excepit. inerat con-
scientia derisui fuisse nuper falsum e Germania trium-
phum, emptis per commercia quorum habitus et crines
in captivorum speciem formarentur: at nunc veram
magnamque victoriam tot milibus hostium caesis ingenti
2 fama celebrari. id sibi maxime formidolosum, privati
hominis nomen supra principem attolli: frustra studia
fori et civilium artium decus in silentium acta, si mili-
tarem gloriam alius occuparet; cetera utcumque facilius
dissimulari, ducis boni imperatoriam virtutem esse.
3 talibus curis exercitus, quodque saevae cogitationis
indicium erat, secreto suo satiatus, optimum in praesen-
tia statuit reponere odium, donec impetus famae et favor
exercitus languesceret; nam etiam tum Agricola Britan-
niam obtinebat.

1 40. Igitur triumphalia ornamenta et illustris statuae
honorem et quidquid pro triumpho datur, multo ver-
borum honore cumulata, decerni in senatu iubet addique
insuper opinionem, Syriam provinciam Agricolae desti-
nari, vacuam tum morte Atili Rufi consularis et maiori-
2 bus reservatam. credidere plerique libertum ex secre-
tioribus ministeriis missum | ad Agricolam codicillos, (finis Hersfeldensis)
quibus ei Syria dabatur, tulisse cum eo praecepto ut, si
in Britannia foret, traderentur; eumque libertum in ipso
freto Oceani obvium Agricolae, ne appellato quidem eo
ad Domitianum remeasse, sive verum istud, sive ex
3 ingenio principis fictum ac compositum est. tradiderat
interim Agricola successori suo provinciam quietam
tutamque. ac ne notabilis celebritate et frequentia occur-
rentium introitus esset, vitato amicorum officio noctu in

E = H **1** excepit *Put.:* excipit **E A** cępit **B** || **3** quarum **E**, *corr.* E² | crinis, *em. Put.* || **4** formarent **B** | ad **E**, *corr.* E² || **7** principem **E** *(Nipp.):* principis **AB** || **9** cetera **E** *(Wex):* et cetera **AB** | autcumque **E**, *corr.* E² || **11** quoque **E**, *corr.* E² quodue **B** | saeuire **E**, *corr.* E² || **12** in praesentia] praesens E² *in marg.* || **18** additque *Mur.* || **20** atilli **E**, *corr.* E²; Actilii **B** || **22** missum] *hac voce finitur cod.* **E** *pars vetus. sed notas marg.* E², *i. e. correctoris, in margine fol. 69 et 76 servatas esse (textu ipso, qui continuit Agr. c. 40 sqq., eraso a Guarnerio, priusquam eodem folio 69 ad Germ. c. 14 sqq. describenda usus est) Till p. 21 sqq. demonstravit* || **23** ei] eis **B** | eo *om.* **AB** || **24** Britanniam, *corr. Put.*

urbem, noctu in Palatium, ita ut praeceptum erat, venit;
exceptusque brevi osculo et nullo sermone turbae ser-
vientium immixtus est. ceterum uti militare nomen, grave 4
inter otiosos, aliis virtutibus temperaret, tranquillitatem
atque otium penitus hausit, cultu modicus, sermone
facilis, uno aut altero amicorum comitatus, adeo ut
plerique, quibus magnos viros per ambitionem aestimare
mos est, viso aspectoque Agricola quaererent famam,
pauci interpretarentur.

41. Crebro per eos dies apud Domitianum absens ac- 1
cusatus, absens absolutus est. causa periculi non crimen
ullum aut querela laesi cuiusquam, sed infensus virtu-
tibus princeps et gloria viri ac pessimum inimicorum
genus, laudantes. et ea insecuta sunt rei publicae tem- 2
pora, quae sileri Agricolam non sinerent: tot exercitus
in Moesia Daciaque et Germania et Pannonia temeri-
tate aut per ignaviam ducum amissi, tot militares viri
cum tot cohortibus expugnati et capti; nec iam de limite
imperii et ripa, sed de hibernis legionum et possessione
dubitatum. ita cum damna damnis continuarentur atque 3
omnis annus funeribus et cladibus insigniretur, posceba-
tur ore vulgi dux Agricola, comparantibus cunctis
vigorem, constantiam et expertum bellis animum cum
inertia et formidine aliorum. quibus sermonibus satis 4
constat Domitiani quoque aures verberatas, dum opti-
mus quisque libertorum amore et fide, pessimi maligni-
tate et livore pronum deterioribus principem exstimula-
bant. sic Agricola simul suis virtutibus, simul vitiis
aliorum in ipsam gloriam praeceps agebatur.

42. Aderat iam annus, quo proconsulatum Africae et 1
Asiae sortiretur, et occiso Civica nuper nec Agricolae

1 praetemptum B || **2** turbae *om.* B || **5** hausit *Wex:* auxit || **16** Moesia E *(Lips.):* Misia AB || **18** tot EAB: totis E^2 *in marg.* T || **19** possessionum B || **23** uigorem et constantiam B || **24** inertiae et formidini E^2 *in marg.* A^1 | aliorum *Bip. (cf. Hist. III 3, 4):* eorum (ceterorum *Grot.; lac. statuit Halm, qui* quibus exercitus committi solerent *supplevit*) || **25** Domitianum B || **27** existimulabant E^2 *in marg.* || **29** aliorum ipsa gloria *Madv.* || **30** Asiae et Aphricae B, Asiae aut (vel *Nipp.*) Africae *Lips., del. Url.*

consilium deerat nec Domitiano exemplum. accessere quidam cogitationum principis periti, qui iturusne esset in provinciam ultro Agricolam interrogarent. ac primo occultius quietem et otium laudare, mox operam suam in approbanda excusatione offerre, postremo non iam obscuri suadentes simul terrentesque pertraxere ad
2 Domitianum. qui paratus simulatione, in arrogantiam compositus, et audiit preces excusantis et, cum annuisset, agi sibi gratias passus est, nec erubuit beneficii invidia. salarium tamen proconsulare solitum offerri et quibusdam a se ipso concessum Agricolae non dedit, sive offensus non petitum, sive ex conscientia, ne quod vetuerat
3 videretur emisse. proprium humani ingenii est odisse quem laeseris: Domitiani vero natura praeceps in iram, et quo obscurior, eo inrevocabilior, moderatione tamen prudentiaque Agricolae leniebatur, quia non contumacia neque inani iactatione libertatis famam fatumque pro-
4 vocabat. sciant, quibus moris est illicita mirari, posse etiam sub malis principibus magnos viros esse, obsequiumque ac modestiam, si industria ac vigor adsint, eo laudis excedere, quo plerique per abrupta, sed in nullum rei publicae usum ambitiosa morte inclaruerunt.
1 43. Finis vitae eius nobis luctuosus, amicis tristis, extraneis etiam ignotisque non sine cura fuit. vulgus quoque et hic aliud agens populus et ventitavere ad domum et per fora et circulos locuti sunt; nec quisquam audita
2 morte Agricolae aut laetatus est aut statim oblitus. et augebat miserationem constans rumor veneno interceptum: nobis nihil comperti adfirmare ausim. ceterum

1 aderat B || **5** iam *Rhen.:* tam || **7** simulationis E[2] *in marg.* A[1] *in marg.* || **10** proconsulare E, *sed* i *superscr. m. 1* proconsulari AB (pro⟨consuli⟩ consulari *Mommsen*) || **14** laeserit (s *superscr.*) E || **18** illicita mirari moris est T || **21** escendere *Lips.* | sed] enisi *C. Her.* | in nullum rei publicae *Mur.:* in ullum (nullum E[2] *in marg.* A[1] *in marg.*) rei (re E[2] *in marg. prob. Till*) post (p̄ E[2] *in marg.* A[1] *in marg.* publicae T) || **22** usum ⟨enisi⟩ *Schöm.* || **26** per circulos B || **27** laetatus [est] *censor Jenensis a. 1816, 127* | oblitus et *Hedicke:* oblitus est (oblitus Mur.) || **29** ⟨ut⟩ adfirmare *Wex* (⟨quod⟩ adf. *Acid.*, ⟨quodve⟩ adf. *Ritt.*)

per omnem valetudinem eius crebrius quam ex more
principatus per nuntios visentis et libertorum primi et
medicorum intimi venere, sive cura illud sive inquisi-
tio erat. supremo quidem die momenta ipsa deficientis 3
per dispositos cursores nuntiata constabat, nullo cre-
dente sic accelerari quae tristis audiret. speciem tamen
doloris animi ore vultuque prae se tulit, securus iam
odii et qui facilius dissimularet gaudium quam metum.
satis constabat lecto testamento Agricolae, quo cohe- 4
redem optimae uxori et piissimae filiae Domitianum
scripsit, laetatum eum velut honore iudicioque. tam
caeca et corrupta mens assiduis adulationibus erat, ut
nesciret a bono patre non scribi heredem nisi malum
principem.

44. Natus erat Agricola Gaio Caesare ter⟨tium⟩ con- 1
sule idibus Iuniis: excessit quarto et quinquagesimo
anno, decimum kalendas Septembris Collega Prisc⟨in⟩o-
que consulibus. quod si habitum quoque eius posteri 2
noscere velint, decentior quam sublimior fuit; nihil
impetus in vultu: gratia oris supererat. bonum virum
facile crederes, magnum libenter. et ipse quidem, quam- 3
quam medio in spatio integrae aetatis ereptus, quantum
ad gloriam, longissimum aevum peregit. quippe et vera
bona, quae in virtutibus sita sunt, impleverat, et consu-
lari ac triumphalibus ornamentis praedito quid aliud
adstruere fortuna poterat? opibus nimiis non gaudebat, 4
speciosae contigerant. filia atque uxore superstitibus
potest videri etiam beatus incolumi dignitate, florente

2 uisent$\overset{i}{e}$s E (uisentes E[2] *in marg.*) uiseritis B || 3 medicorum primi et libert. intimi *Ern.* || 5 constabat E *(Rhen.)*: constabant AB || 7 animi ore *Koest.*: animo (habitu *Ern.*, ore *Halm;* animi vultu *Baehr.*) || 9 constat E[2] *in marg.* || 15 ter⟨tium⟩ *Urs.:* ter (iterum *Nipp.*) || 16 quarto *Petavius:* sexto (quinto *Nipp.*) || 17 decimo AB | Prisc⟨in⟩oque *Harrer (cf. Cl. Phil. 12, 1917, 197 sq.):* Priscoque || 20 impetus EA *(cf. Norden, Germ. Urgesch. 1923 p. 331, 3):* metus E[2] *in marg.* A[1] *in marg.* maetus et impetus B | superat B || 24 sunt *om.* B || 27 speciosae contigerant E[2] *in marg.* A[1] *in marg.:* speciosae non contigerant (contingerant B) | filia — superstitibus *post* fama *posuit Doed.*, *post* amicitiis *Url.* | uxoris E[2] *in marg.* || 28 beatis E

fama, salvis affinitatibus et amicitiis futura effugisse.
5 nam sicut ei ⟨non licuit⟩ durare in hanc beatissimi
saeculi lucem ac principem Traianum videre, quod
augurio votisque apud nostras aures ominabatur, ita
festinatae mortis grave solacium tulit evasisse postre-
mum illud tempus, quo Domitianus non iam per inter-
valla ac spiramenta temporum, sed continuo et velut uno
ictu rem publicam exhausit.

1 45. Non vidit Agricola obsessam curiam et clausum
armis senatum et eadem strage tot consularium caedes,
tot nobilissimarum feminarum exilia et fugas. una adhuc
victoria Carus Mettius censebatur, et intra Albanam
arcem sententia Messalini strepebat, et Massa Baebius
etiam tum reus erat: mox nostrae duxere Helvidium in
carcerem manus; nos Maurici Rusticique visus, nos in-
2 nocenti sanguine Senecio perfudit. Nero tamen subtraxit
oculos suos iussitque scelera, non spectavit: praecipua
sub Domitiano miseriarum pars erat videre et aspici,
cum suspiria nostra subscriberentur, cum denotandis
tot hominum palloribus sufficeret saevus ille vultus et
rubor, [a] quo se contra pudorem muniebat.

3 Tu vero felix, Agricola, non vitae tantum claritate,
sed etiam opportunitate mortis. ut perhibent qui inter-
fuere novissimis sermonibus tuis, constans et libens
fatum excepisti, tamquam pro virili portione innocen-
4 tiam principi donares. sed mihi filiaeque eius praeter
acerbitatem parentis erepti auget maestitiam, quod assi-

2 sicut ei ⟨non licuit⟩ *Dahl:* sicuti (non contigit *suppl. H. Schütz post* videre) | in hac . . . luce, *em. Acid.* || **5** graue E A[1] *in marg. (sed del. ead. m.):* grande E[2] *in marg.* AB *prob. plerisque editt., at cf. Till p. 74* || **7** et uelut] et uel E[2] *in marg.* || **8** hausit E[2] *in marg.* || **9** clusum EA || **12** charus A clarus B | Mettius E[2] *in marg.* A *s. l.:* mitius (*cf. Prosop. Imp. Rom. II 402*) || **13** arcem] uillam E[2] *in marg.* A[1] *in marg.* || **14** etiam tum E *(J.F.Gron.):* iam tum A tum B || **15** nos Mauricum (Mauricium A) rusticumque diuisimus E[2] *in marg.* A[1] *in marg.* | visus ⟨foedavit⟩ *And.*, visus ⟨perculit⟩ *Meister; at nihil excidisse verisimile est* || **21** [a] *Lips.* || **23** perhiberent, *em. Put.* | interfuerunt AB || **26** eius] tuae *Corn.*

dere valetudini, fovere deficientem, satiari vultu com-
plexuque non contigit. excepissemus certe mandata
vocesque, quas penitus animo figeremus. noster hic 5
dolor, nostrum vulnus, nobis tam longae absentiae
condicione ante quadriennium amissus est. omnia sine
dubio, optime parentum, assidente amantissima uxore
superfuere honori tuo: paucioribus tamen lacrimis com-
positus es, et novissima in luce desideravere aliquid
oculi tui.

46. Si quis piorum manibus locus, si, ut sapientibus 1
placet, non cum corpore exstinguuntur magnae animae,
placide quiescas, nosque domum tuam ab infirmo desi-
derio et muliebribus lamentis ad contemplationem virtu-
tum tuarum voces, quas neque lugeri neque plangi fas
est. admiratione potius te et immortalibus laudibus et, 2
si natura suppeditet, similitudine decoremus: is verus
honos, ea coniunctissimi cuiusque pietas. id filiae quo- 3
que uxorique praeceperim, sic patris, sic mariti memo-
riam venerari, ut omnia facta dictaque eius secum
revolvant, formamque ac figuram animi magis quam
corporis complectantur, non quia intercedendum putem
imaginibus quae marmore aut aere finguntur, sed, ut
vultus hominum, ita simulacra vultus imbecilla ac
mortalia sunt, forma mentis aeterna, quam tenere et
exprimere non per alienam materiam et artem, sed tuis
ipse moribus possis. quicquid ex Agricola amavimus, 4
quicquid mirati sumus, manet mansurumque est in

2 excepissem, *em. Pich.* || 3 pingeremus E^2 *et* A *in marg.* || 4 nobis *om.* B | tam E^2 *in marg.* AB: $\overset{a}{\text{tũm}}$ E tum al. A^1 *in marg.* | $\overset{a}{\text{longe}}$ E longa A^1 nostrae B || 5 amissus es *Rhen.* || 7 compositus E A^1 *in marg.:* comploratus E^2 *in marg.* AB *prob. plerisque editt.* || 12 nosque ⟨et⟩ domum *Url.* || 13 mulieribus B || 15 potius te *Reitz.:* te potius E^2 *in marg.* potius EAB | et immortalibus *Acid. incerta coniectura:* temporalibus (temporibus E^2 *in marg.*) et E et temporalibus AB || 16 similitudine *Grot.:* militum EA multum B | decoremus *Urs.* (*cf. Reitz., Bemerk. z. d. kl. Schriften p. 190 et adn. 2*)*:* decoramus (colamus *Mur.*, te colamus *Gud.*) || 17 honor E || 20 formamque T *(Mur.):* famamque EAB || 23 imbecillia B || 25 materiem A, *corr. m. 1* || 27 ⟨ad⟩mirati *Wölffl.*

animis hominum, in aeternitate temporum, fama rerum; nam multos veterum velut inglorios et ignobilis oblivio obruit: Agricola posteritati narratus et traditus superstes erit.

1 ⟨in⟩ fama *Halm, sed cf. Sörb., Var. serm. Tac. p. 85* || **2** veterum *in codice Hersf. omissum fuisse Dec. testatur (sed cf. Till p. 23); eodem teste habuit* veluti *et* ignobiles (*ut* B) || **3** obruet, *corr. Haupt*

Cornelii Taciti de vita Iulii Agricolae liber explicit *Hersf.* Cornelii Taciti de vita et moribus Iulii Agricolae liber explicit **E**

P. CORNELII TACITI

DIALOGVS DE ORATORIBVS

DE SINGVLIS CODICIBVS

B = codex Vaticanus 1862
b = codex Leidensis Perizonianus
b^2 = manus correctoris huius codicis
X = consensus codicum Bb
C = codex Vaticanus 1518
c = codex Neapolitanus IV c 21
Y = consensus codicum Cc
E = codex Ottobonianus 1455

Dialogi codices eidem sunt qui Germaniae praeter Aesinatem. accedit Ottobonianus, qui familiae Y propinquus est. libros B C c E contulit Andresen Romae ac Neapoli anno 1898, librum b edidit G. Wissowa. paucae quaedam lectiones adnotatae sunt ex Urbinati 1194 (U) et Vaticano 4498 (Δ), quos inspexit Andresen, et Vindobonensi ser. nov. 2960 (V), qui libro E simillimus est.

Lectiones, quibus nulla nota adiecta est, extant in omnibus aut in plerisque libris.

1 1. Saepe ex me requiris, Iuste Fabi, cur, cum priora
saecula tot eminentium oratorum ingeniis gloriaque
floruerint, nostra potissimum aetas deserta et laude
eloquentiae orbata vix nomen ipsum oratoris retineat;
neque enim ita appellamus nisi antiquos, horum autem
temporum diserti causidici et advocati et patroni et
2 quidvis potius quam oratores vocantur. cui percontationi
tuae respondere et tam magnae quaestionis pondus
excipere, ut aut de ingeniis nostris male existimandum
⟨sit⟩, si idem assequi non possumus, aut de iudiciis, si
nolumus, vix hercule auderem, si mihi mea sententia
proferenda ac non disertissimorum, ut nostris temporibus,
hominum sermo repetendus esset, quos eandem
hanc quaestionem pertractantes iuvenis admodum
3 audivi. ita non ingenio, sed memoria et recordatione
opus est, ut quae a praestantissimis viris et excogitata
subtiliter et dicta graviter accepi, cum singuli diversas
[vel easdem] sed probabiles causas afferrent, dum formam
sui quisque et animi et ingenii redderent, iisdem
nunc numeris iisdemque rationibus persequar, servato
4 ordine disputationis. neque enim defuit qui diversam
quoque partem susciperet ac multum vexata et irrisa
vetustate nostrorum temporum eloquentiam antiquorum
ingeniis anteferret.

1 2. Nam postero die quam Curiatius Maternus Catonem
recitaverat, cum offendisse potentium animos diceretur,
tamquam in eo tragoediae argumento sui
oblitus tantum Catonem cogitasset, eaque de re per
urbem frequens sermo haberetur, venerunt ad eum
M. Aper et Iulius Secundus, celeberrima tum ingenia

CORNELII · TACITI · DIALOGVS · DE · ORATORIBVS **b** *et sic codex Hersfeldensis teste Decembrio, nec differunt reliqui libri, nisi quod in* **Y** *scriptum est* C. Cornelii Taciti *et in* **E** *additum* et poetis

1 cum *om.* **c** || **5** appellemus || **10** sit *add. Lips.* (existimandum sit idem **U**) || **12** ut *del. Put.* || **17** diversas, sed easdem probabiles *Roth*, [vel easdem] *Mur. et Lips. (cf. tamen R. Reitz. Bemerk. z. d. kl. Schr. p. 191, 1)* || **19** redderet **Y** reddent **E** || **20** persequar **U** prosequar *rell.*

fori nostri, quos ego utrosque non modo in iudiciis
studiose audiebam, sed domi quoque et in publico
assectabar mira studiorum cupiditate et quodam ardore
iuvenili, ut fabulas quoque eorum et disputationes et
arcana semotae dictionis penitus exciperem, quamvis
maligne plerique opinarentur nec Secundo promptum
esse sermonem et Aprum ingenio potius et vi naturae
quam institutione et litteris famam eloquentiae consecu-
tum. nam et Secundo purus et pressus et, in quantum 2
satis erat, profluens sermo non defuit, et Aper omni
eruditione imbutus contemnebat potius litteras quam
nesciebat, tamquam maiorem industriae et laboris glo-
riam habiturus, si ingenium eius nullis alienarum
artium adminiculis inniti videretur.

3. Igitur ut intravimus cubiculum Materni, sedentem 1
ipsum, quem pridie recitaverat librum inter manus
habentem deprehendimus.

Tum Secundus 'nihilne te' inquit, 'Materne, fabulae 2
malignorum terrent, quo minus offensas Catonis tui
ames? an ideo librum istum apprehendisti, ut diligentius
retractares, et sublatis si qua pravae interpretationi
materiam dederunt, emitteres Catonem non quidem
meliorem, sed tamen securiorem?'

Tum ille 'leges tu, quid Maternus sibi debuerit, et 3
agnosces quae audisti. quod si qua omisit Cato, sequenti
recitatione Thyestes dicet; hanc enim tragoediam dispo-
sui iam et intra me ipse formavi. atque ideo maturare
libri huius editionem festino, ut dimissa priore cura
novae cogitationi toto pectore incumbam.'

'Adeo te tragoediae istae non satiant,' inquit Aper, 4

1 utrosque non modo in iudiciis *Gud.*: in iudiciis non utrosque modo (utrosque non in iudiciis modo *Schopen*) || **5** acciperem **E** || **10** omni **cE** cū **XC** || **12** maiorem ⟨quam⟩ *V.*, *sed cf. Dahm, Mnemos. 60 (1932) 403 sqq.* || **14** adniti **E** *itemque* **X** *supra v.* || **16** ipsum⟨que⟩ *anon. quidam*, ipsum *restit. V. et Persson (cf. Sörb., Var. serm. Tac. p. 161)* | inter *Cuiacius:* intra || **24** leges tu (tu *om.* c) quid (quod C)] leges, inquit, quid *Halm*, intelliges tu quid *Graf et Birt*, leges, inquit [Maternus], si libuerit *Nipp. et And.; neque autem quicquam mutandum esse videtur (cf. Romano, MCl. 1 [1931] 55 sqq.)*

'quo minus omissis orationum et causarum studiis omne tempus modo circa Medeam, ecce nunc circa Thyestem consumas, cum te tot amicorum causae, tot coloniarum et municipiorum clientelae in forum vocent, quibus vix suffeceris, etiam si non novum tibi ipse negotium importasses, ⟨ut⟩ Domitium et Catonem, id est nostras quoque historias et Romana nomina Graeculorum fabulis aggregares.'

1 4. Et Maternus: 'perturbarer hac tua severitate, nisi frequens et assidua nobis contentio iam prope in consuetudinem vertisset. nam nec tu agitare et insequi poetas intermittis et ego, cui desidiam advocationum obicis, cotidianum hoc patrocinium defendendae adver-
2 sus te poeticae exerceo. quo laetor magis oblatum nobis iudicem, qui me vel in futurum vetet versus facere vel, quod iam pridem opto, sua quoque auctoritate compellat, ut omissis forensium causarum angustiis, in quibus mihi satis superque sudatum est, sanctiorem illam et augustiorem eloquentiam colam.'

1 5. 'Ego vero' inquit Secundus, 'antequam me iudicem Aper recuset, faciam quod probi et modesti iudices solent, ut in iis cognitionibus ⟨se⟩ excusent, in quibus manifestum est alteram apud eos partem gratia prae-
2 valere. quis enim nescit neminem mihi coniunctiorem esse et usu amicitiae et assiduitate contubernii quam Saleium Bassum, cum optimum virum tum absolutissimum poetam? porro si poetica accusatur, non alium video reum locupletiorem.'

3 'Securus sit' inquit Aper 'et Saleius Bassus et quisquis alius studium poeticae et carminum gloriam fovet, cum
4 causas agere non possit. ego enim, quatenus arbitrum litis huius † inveniri, non patiar Maternum societate

5 imperitasses U imperasses *vel* imposuisses *Acid.* || 6 ut *add. Niebuhr* || 7 graecorum b || 8 aggregarem E aggregare *Mur.* (aggregans *Or.*) || 11 aut insequi E || 18 istam XC || 19 angustiorem Y || 21 modesti YE moderati X || 22 cogitationibus cb *corr.* b² | se *add. Pith.* || 31 ego *Pith.:* et ego || 32 invenire C inveniri *rell.;* invenire ⟨non contigit⟩ *Andr.*, inveniri ⟨non licuit⟩ *John,* ⟨licet⟩ huius inveniri *Keyssner,* inveni *Barwick prob. Buechner, al. al.; locus corruptus est*

plurium defendi, sed ipsum solum apud omnes arguam,
quod natus ad eloquentiam virilem et oratoriam, qua
parere simul et tueri amicitias, adsciscere necessitudi-
nes, complecti provincias possit, omittit studium, quo
non aliud in civitate nostra vel ad utilitatem fructuosius
⟨vel ad voluptatem dulcius⟩ vel ad dignitatem amplius
vel ad urbis famam pulchrius vel ad totius imperii atque
omnium gentium notitiam illustrius excogitari potest.
nam si ad utilitatem vitae omnia consilia factaque nostra 5
dirigenda sunt, quid est tutius quam eam exercere artem,
qua semper armatus praesidium amicis, opem alienis,
salutem periclitantibus, invidis vero et inimicis metum
et terrorem ultro feras, ipse securus et velut quadam
perpetua potentia ac potestate munitus? cuius vis et 6
utilitas rebus prospere fluentibus aliorum perfugio et
tutela intellegitur; sin proprium periculum increpuit,
non hercule lorica et gladius in acie firmius munimen-
tum quam reo et periclitanti eloquentia, praesidium si-
mul ac telum, quo propugnare pariter et incessere sive
in iudicio sive in senatu sive apud principem possis. quid 7
aliud infestis patribus nuper Eprius Marcellus quam
eloquentiam suam opposuit, qui accinctus et minax di-
sertam quidem, sed inexercitatam et eius modi certa-
minum rudem Helvidii sapientiam elusit? plura de utili-
tate non dico, cui parti minime contra dicturum Mater-
num meum arbitror.

6. Ad voluptatem oratoriae eloquentiae transeo, cuius 1
iucunditas non uno aliquo momento, sed omnibus prope
diebus ac prope omnibus horis contingit. quid enim dul- 2

1 plurimum, *em. Pith.* | apud omnes *Martin:* **apud eos** (ipsos **C**), apud vos *Barwick* || **2** quae bc || **3** necessitates **X** || **4** omittit *Rhen.:* amitti || **6** vel ad voluptatem *add. Schulting*, dulcius *Ritt. (nihil addendum esse putat Buechner)* || **8** possit **C** || **9** fataque BY | per nostra **Bc** || **10** derigenda *Baehr., vulgo (sed cf. Thes. l. l. V 1 p. 1232)* || **13** feras *Lips.:* ferat | quadam velut b || **15** profugio **X** praesidio **b²** || **16** increpuerit **C** irrepat **b²** || **17** lorica et *Seebode:* loriçe *vel* lorice || **19** sive (*ante* in iud.) *Mur.:* uel (vel in senatu *Nipp.*) || **21** Eprius **b²** *in marg.:* prius (Marcellus prius **E**) *libri, quod in* b *nescio quis mutavit in* Epropius || **22** qui] qua *Urs.* || **28** iocunditatis (iuc.) **X** || **29** [prope] *Andr. olim*

cius libero et ingenuo animo et ad voluptates honestas
nato quam videre plenam semper et frequentem domum
suam concursu splendidissimorum hominum? idque
scire non pecuniae, non orbitati, non officii alicuius ad-
ministrationi, sed sibi ipsi dari? ipsos quin immo orbos
et locupletes et potentes venire plerumque ad iuvenem et
pauperem, ut aut sua aut amicorum discrimina commen-
3 dent? ullane tanta ingentium opum ac magnae potentiae
voluptas quam spectare homines veteres et senes et to-
tius orbis gratia subnixos in summa rerum omnium
abundantia confitentes id quod optimum sit se non ha-
4 bere? iam vero qui togatorum comitatus et egressus!
quae in publico species! quae in iudiciis veneratio! quod
illud gaudium consurgendi assistendique inter tacentes
et in unum conversos! coire populum et circumfundi
coram et accipere adfectum quemcumque orator in-
5 duerit! vulgata dicentium gaudia et imperitorum quoque
oculis exposita percenseo: illa secretiora et tantum ipsis
orantibus nota maiora sunt. sive accuratam meditatam-
que profert orationem, est quoddam sicut ipsius dictio-
nis, ita gaudii pondus et constantia; sive novam et recen-
tem curam non sine aliqua trepidatione animi attulerit,
ipsa sollicitudo commendat eventum et lenocinatur vo-
6 luptati. sed extemporalis audaciae atque ipsius temerita-
tis vel praecipua iucunditas est; nam ingenio quoque,
sicut in agro, quamquam alia diu serantur atque elabo-
rentur, gratiora tamen quae sua sponte nascuntur.

1 7. Equidem, ut de me ipso fatear, non eum diem laetio-
rem egi, quo mihi latus clavus oblatus est, vel quo homo
novus et in civitate minime favorabili natus quaesturam
aut tribunatum aut praeturam accepi, quam eos, quibus
mihi pro mediocritate huius quantulaecumque in dicendo

4 neque officii YE | administrationi b^2: administrationis || **5** ipsos E istos XC illos c || **9** [veteres] *Acid.*, divites *Heins.* || **14** illud E id *rell.* *(del. Put.)* | assurgendi consistendique E || **16** quandocumque X quacumque b^2 *in marg.* | indueret X induxerit b^2 || **18** ipsi oranti b^2 || **22** animi *Pith.*: animus (*om.* U) || **25** in ingenio b^2, *vulgo, sed cf. Sörb., Var. serm. Tac. p. 49 et 81* || **26** alia *om.* Y (quamquam ⟨quae⟩ diu s. a. e. ⟨grata⟩, gratiora *Gud., al. al.*) || **28** ipse b

facultatis aut reum prospere defendere aut apud centum-
viros causam aliquam feliciter orare aut apud principem
ipsos illos libertos et procuratores principum tueri et
defendere datur. tum mihi supra tribunatus et praeturas
et consulatus ascendere videor, tum habere quod [si] 2
non in alieno oritur nec codicillis datur nec cum gratia
venit. quid? fama et laus cuius artis cum oratorum
gloria comparanda est? qui⟨d⟩? non illustres ⟨sunt⟩ [et] 3
in urbe non solum apud negotiosos et rebus intentos, sed
etiam apud iuvenes et adulescentes, quibus modo recta
est indoles et bona spes sui? quorum nomina prius pa-
rentes liberis suis ingerunt? quos saepius vulgus quo- 4
que imperitum et tunicatus hic populus transeuntes no-
mine vocat et digito demonstrat? advenae quoque et
peregrini iam in municipiis et coloniis suis auditos, cum
primum urbem attigerunt, requirunt ac velut agnoscere
concupiscunt.

8. Ausim contendere Marcellum hunc Eprium, de quo mo- 1
do locutus sum, et Crispum Vibium (libentius enim novis
et recentibus quam remotis et oblitteratis exemplis utor)
non minoris ⟨nominis⟩ esse in extremis partibus terrarum
quam Capuae aut Vercellis, ubi nati dicuntur. nec hoc 2
illis ⟨alterius bis⟩, alterius ter milies sestertium praestat,
quamquam ad has ipsas opes possunt videri eloquentiae
beneficio venisse, ⟨sed⟩ ipsa eloquentia, cuius numen et
caelestis vis multa quidem omnibus saeculis exempla

1 apud patres *ante* reum *add. Mich.* || **3** ipsum **U** | principis *L. Spengel* || **5** habere *Pith.:* abire | si *del. Mich.* (scilicet *Brakman*) || **6** alieno *Andr. praeeunte Clerico incerta coniectura:* alio (albo **V**); *de corruptela cf. H. II 63, 2;* si non in aliquo *Ritt.* (animo *Freinsheim, alii alia*) || **8** qui⟨d⟩? non illustres *Roth:* qui non illustres (apud *ante* illustres *inser.* **b**²); quinam illustriores *Or.* | sunt *add. Schopen* | et *del. Haase* || **9** non *et* apud *del.* **b**² || **10** iuvenes] vacuos **b** (⟨iuv.⟩ vacuos *Gud.*) | modo recta est indoles *Gud.:* modo recta et (et *om.* **E**) indoles est (est *om.* **E**) **BYEV** modo recta indoles est **b** (morum et *supra* modo; morum **b**², et **b**) || **11** nō **X** *corr.* **b**² || **14** notat **b**² *supra v.* || **18** Eprium **Δb**² eproprium *rell.* || **21** minoris ⟨nominis⟩ *Wagenvoort:* minus (minores *Haase;* minus ⟨notos⟩ *Urs.*, minus ⟨illustres⟩ *Ribb.*) || **23** alterius bis *inser. Pich.*, *lacunam in marg. notavit* **b**² (*cf. schol. Iuv. 4, 81*) || **25** sed *add. Lips.* (ipsa eloquentia *del.* **b**²)

edidit, ad quam usque fortunam homines ingenii viribus
pervenerint, sed haec, ut supra dixi, proxima et quae non
auditu cognoscenda, sed oculis spectanda haberemus.
3 nam quo sordidius et abiectius nati sunt quoque nota-
bilior paupertas et angustiae rerum nascentes eos cir-
cumsteterunt, eo clariora et ad demonstrandam ora-
toriae eloquentiae utilitatem illustriora exempla sunt,
quod sine commendatione natalium, sine substantia fa-
cultatum, neuter moribus egregius, alter habitu quoque
corporis contemptus, per multos iam annos potentissimi
sunt civitatis ac, donec libuit, principes fori, nunc prin-
cipes in Caesaris amicitia agunt feruntque cuncta atque
ab ipso principe cum quadam reverentia diliguntur, quia
Vespasianus, venerabilis senex et patientissimus veri,
bene intellegit ceteros quidem amicos suos iis niti, quae
ab ipso acceperint quaeque ipsi accumulare et in alios
congerere promptum est, Marcellum autem et Crispum
attulisse ad amicitiam suam quod non a principe acce-
4 perint nec accipi possit. minimum inter tot ac tanta lo-
cum obtinent imagines ac tituli et statuae, quae neque
ipsa tamen negleguntur, tam hercule quam divitiae et
opes, quas facilius invenies qui vituperet quam qui
fastidiat. his igitur et honoribus et ornamentis et facul-
tatibus refertas domos eorum videmus, qui se ab ineunte
adulescentia causis forensibus et oratorio studio de-
derunt.

1 9. Nam carmina et versus, quibus totam vitam Mater-
nus insumere optat (inde enim omnis fluxit oratio),
neque dignitatem ullam auctoribus suis conciliant neque
utilitates alunt; voluptatem autem brevem, laudem in-
2 anem et infructuosam consequuntur. licet haec ipsa et
quae deinceps dicturus sum aures tuae, Materne, re-

1 quam] quantam U quantum E || **3** habemus b² || **4** quoque b quosque *rell.* || **5** angustiae rerum *Lips.:* angustia ereptum (angustia parentum b²; angustiae rerum ⟨privatarum⟩ *F. Walter*) || **7** nobilitatem *Acid.* || **11** nunc [principes] *Helmr.* || **12** geruntque *Moser* || **15** ceteros *Put.:* et ceteros (et *post* quaeque *collocat Peter*) | iis Y *et* b *corr.* his XE || **16** ipsis, *corr. Lips.* || **17** est] sit *Halm, sed cf. Persson, Krit.-exeg. Bemerk. p. 32* || **25** aetate adolescentia c aetate *C. Her.* || **32** deinde YE

spuant, cui bono est, si apud te Agamemnon aut Iason
diserte loquitur? quis ideo domum defensus et tibi obli-
gatus redit? quis Saleium nostrum, egregium poetam
vel, si hoc honorificentius est, praeclarissimum vatem,
deducit aut salutat aut prosequitur? nempe si amicus 3
eius, si propinquus, si denique ipse in aliquod negotium
inciderit, ad hunc Secundum recurret aut ad te, Materne,
non quia poeta es neque ut pro eo versus facias; hi enim
Basso domi nascuntur, pulchri quidem et iucundi, quo-
rum tamen hic exitus est, ut cum toto anno, per omnes
dies, magna noctium parte unum librum excudit et elu-
cubravit, rogare ultro et ambire cogatur, ut sint qui
dignentur audire, et ne id quidem gratis; nam et domum
mutuatur et auditorium exstruit et subsellia conducit
et libellos dispergit. et ut beatissimus recitationem eius 4
eventus prosequatur, omnis illa laus intra unum aut
alterum diem, velut in herba vel flore praecerpta, ad nul-
lam certam et solidam pervenit frugem, nec aut amicitiam
inde refert aut clientelam aut mansurum in animo cuius-
quam beneficium, sed clamorem vagum et voces inanes
et gaudium volucre. laudavimus nuper ut miram et 5
eximiam Vespasiani liberalitatem, quod quingenta se-
stertia Basso donasset. pulchrum id quidem, indulgen-
tiam principis ingenio mereri: quanto tamen pulchrius,
si ita res familiaris exigat, se ipsum colere, suum genium
propitiare, suam experiri liberalitatem! adice quod poe- 6
tis, si modo dignum aliquid elaborare et efficere velint,
relinquenda conversatio amicorum et iucunditas urbis, cf. cap. 12,1
deserenda cetera officia utque ipsi dicunt, in nemora et et Plin. Epist. IX 10,2
lucos, id est in solitudinem secedendum est.

10. Ne opinio quidem et fama, cui soli serviunt et quod 1
unum esse pretium omnis laboris sui fatentur, aeque

6 eius] est X || **11** extudit BE, *sed corr.* || **15** dispertit *Güthling* || **16** ista X || **17** praecerpta *Schele:* praecepta Y percepta XE || **25** si ... exigat *Ribb. post* quidem *v. 23 posuit* | genium *Lips.:* ingenium || **26** liberalitatem (*sed* ali *expunxit*) E libertatem *rell.* || **29** utque (quae c) BEc quae C et ut b || **30** recedendum, *em. Schele* || **32** omnes Y, *om.* b, *sed lacunam notat* b² *in marg.* | aeque *Put.:* atque

poetas quam oratores sequitur, quoniam mediocris poe-
2 tas nemo novit, bonos pauci. quando enim rarissimarum
recitationum fama in totam urbem penetrat? nedum ut
per tot provincias innotescat. quotus quisque, cum ex
Hispania vel Asia, ne quid de Gallis nostris loquar, in
urbem venit, Saleium Bassum requirit? atque adeo si
quis requirit, ut semel vidit, transit et contentus est, ut
3 si picturam aliquam vel statuam vidisset. neque hunc
meum sermonem sic accipi volo, tamquam eos, quibus
natura sua oratorium ingenium denegavit, deterream a
carminibus, si modo in hac studiorum parte oblectare
4 otium et nomen inserere possunt famae. ego vero omnem
eloquentiam omnesque eius partes sacras et venerabiles
puto, nec solum coturnum vestrum aut heroici carminis
sonum, sed lyricorum quoque iucunditatem et elegorum
lascivias et iamborum amaritudinem ⟨et⟩ epigrammatum
lusus et quamcumque aliam speciem eloquentia habeat,
5 anteponendam ceteris aliarum artium studiis credo. sed
tecum mihi, Materne, res est, quod, cum natura tua in
ipsam arcem eloquentiae ⟨te⟩ ferat, errare mavis et sum-
ma adeptus in levioribus subsistis. ut si in Graecia
natus esses, ubi ludicras quoque artis exercere honestum
est, ac tibi Nicostrati robur ac vires di dedissent, non
paterer immanes illos et ad pugnam natos lacertos levi-
tate iaculi aut iactu disci vanescere, sic nunc te ab audi-
toriis et theatris in forum et ad causas et ad vera proelia
voco, cum praesertim ne ad illud quidem confugere pos-
sis, quod plerisque patrocinatur, tamquam minus ob-
noxium sit offendere poetarum quam oratorum studium.
6 effervescit enim vis pulcherrimae naturae tuae, nec pro
amico aliquo, sed, quod periculosius est, pro Catone of-
fendis. nec excusatur offensa necessitudine officii aut

1 insequitur X, *sed* B *corr.* || 2 rarissima ⟨ha⟩rum *Andr.* || 3 nedum b[2]: medium || 5 Galliis *Meister* || 7 ut semel V, *Acid.* et semel *rell.* || 10 [sua] *Andr., haud prob.* || 15 elegiorum X || 16 et *add. Acid.* || 17 habet *Heum.* || 18 ceteris aliarum *libri probante Gud.* ceterarum *Schöne* || 19 natura ⟨te⟩ tua *Halm* || 20 arcem cE artem *rell.* | te *inser. Acid.* (referat V) || 21 adepturus *Acid.* || 24 istos XC || 29 offensae *Acid.* || 30 effervescit b effervescet *rell.* || 31 offendis b offendes *rell.*

fide advocationis aut fortuitae et subitae dictionis im-
petu: meditatus videris [aut] elegisse personam nota-
bilem et cum auctoritate dicturam. sentio quid respon- 7
deri possit: hinc ingentis exis⟨tere⟩ assensus, haec in
ipsis auditoriis praecipue laudari et mox omnium ser-
monibus ferri. tolle igitur quietis et securitatis excusa-
tionem, cum tibi sumas adversarium superiorem. nobis 8
satis sit privatas et nostri saeculi controversias tueri,
in quibus [expressis] si quando necesse sit pro pericli-
tante amico potentiorum aures offendere, et probata sit
fides et libertas excusata.'

11. Quae cum dixisset Aper acrius, ut solebat, et in- 1
tento ore, remissus et subridens Maternus 'parantem'
inquit 'me non minus diu accusare oratores quam Aper
laudaverat (fore enim arbitrabar ut a laudatione eorum
digressus detrectaret poetas atque carminum studium
prosterneret) arte quadam mitigavit, concedendo iis, qui
causas agere non possent, ut versus facerent. ego autem 2
sicut in causis agendis efficere aliquid et eniti fortasse
possum, ita recitatione tragoediarum et ingredi famam
auspicatus sum, cum quidem in Nerone improbam et
studiorum quoque sacra profanantem Vatinii poten-
tiam fregi, ⟨et⟩ hodie si quid in nobis notitiae ac nomi-
nis est, magis arbitror carminum quam orationum gloria
partum. ac iam me deiungere a forensi labore constitui, 3

1 $\overset{\text{et}}{\text{ac}}$ (*post* fortuitae) b || **2** aut *del. Put.* (etiam *Halm; cf. Andr., WS. f. kl. Phil. 1915, 309*) || **4** hinc b^2, *ut vid.:* hic (hic *ante* responderi *posuit Reitz.*) | exis⟨tere⟩ *Mur. incerta coniectura:* ex his (*del. Gesner*) | haec cE hic X hoc C hinc b^2 | etiam in C || **5** omnium mox E || **6** *ante* tolle *quaedam deesse statuerunt F. A. Wolf aliique, at cf. Persson p. 18 sq.* || **9** expressit c (*et* E *post* necesse sit) *del. Heum.* || **10** potentium *Baehr.* || **13** parantem inquit me *Walther:* parant enim quid me cE parant quid enim me XC || **15** laudavit *Acid.* || **16** $\overset{\text{atque}}{\text{et}}$ b || **20** tragoediarum. et *ita distinxit* J. *Stroux (cf. Philol. 86 [1931] 338 sqq.)* || **21** in Nerone YE in Neronem X (*del. John, dittographiam* [*ante* improbam] *Andr. suspicatus est*); imperante Nerone *L. Müller prob. Stroux* | improbam] importunam *malebat Halm* || **22** Vatinii *J. Fr. Gron.:* uaticinii || **23** ⟨et⟩ hodie *Lips. aliique* | nominis b^2: numinis || **25** disiungere U diiungere *Wölffl.*

nec comitatus istos et egressus aut frequentiam salutantium concupisco, non magis quam aera et imagines, quae
4 etiam me nolente in domum meam inruperunt. nam statum cuiusque ac securitatem melius innocentia tuetur quam eloquentia; nec vereor ne mihi umquam verba in senatu nisi pro alterius discrimine facienda sint.

1 12. Nemora vero et luci et secretum ipsum, quod Aper increpabat, tantam mihi afferunt voluptatem, ut inter praecipuos carminum fructus numerem, quod non in strepitu nec sedente ante ostium litigatore nec inter sordes ac lacrimas reorum componuntur, sed secedit animus in loca pura atque innocentia fruiturque sedibus sacris.
2 haec eloquentiae primordia, haec penetralia; hoc primum habitu cultuque commoda mortalibus in illa casta et nullis contacta vitiis pectora influxit: sic oracula loquebantur. nam lucrosae huius et sanguinantis eloquentiae usus recens et ex malis moribus natus atque, ut tu
3 dicebas, Aper, in locum teli repertus. ceterum felix illud et, ut more nostro loquar, aureum saeculum, et oratorum et criminum inops, poetis et vatibus abundabat, qui bene facta canerent, non qui male admissa defen-
4 derent. nec ullis aut gloria maior aut augustior honor, primum apud deos, quorum proferre responsa et interesse epulis ferebantur, deinde apud illos dis genitos sacrosque reges, inter quos neminem causidicum, sed Orphea et Linum ac, si introspicere altius velis, ipsum
5 Apollinem accepimus. vel si haec fabulosa nimis et composita videntur, illud certe mihi concedes, Aper, non

1 salutantium *Schele:* **salutationum** || **3 irrumpunt b** || **4 cuiusque** ac ... tuetur *Pichena*: **cuiusque ad** ... **tueor** (hucusque ac ... **tueor** *Lips.*) || **8 increpat b** || **9 in** ⟨**isto**⟩ **strepitu** *E. Wolff* || **11 secedit bY** sedit B $\overset{\text{secedit}}{\text{sedit}}$ E *et* c *supra v.* || **14 commendata** *Mur.* | in] et X, *corr.* b² | ista X, *corr.* b² || **16 saginantis** *ed. Iuntina a. 1527* || **17** et ex cE et **XC** || **22 ullus X** | **maior** *Lips. incerta coniectura:* $\overset{\text{in ore}}{\text{more}}$ ... **Bc mor** ... **b in ore C more** ... E (maior ⟨erat⟩ *Ritt.*) | **angustior Y** || **23 praeferre bC** || **24** istos **X**, *corr.* b² || **25** causidicorum, *em. Heum.* || **26 et c** ac XCE || **28** videantur bC, *sed* b *corr.* | istud X, *corr.* b² | concedis, *em. Acid.*

minorem honorem Homero quam Demostheni apud po-
steros, nec angustioribus terminis famam Euripidis aut
Sophoclis quam Lysiae aut Hyperidis includi. plures 6
hodie reperies, qui Ciceronis gloriam quam qui Vergilii
detrectent; nec ullus Asinii aut Messallae liber tam
illustris est quam Medea Ovidii aut Varii Thyestes.

13. Ac ne fortunam quidem vatum et illud felix contu- 1
bernium comparare timuerim cum inquieta et anxia ora-
torum vita. licet illos certamina et pericula sua ad con-
sulatus evexerint, malo securum et quietum Vergilii
secessum, in quo tamen neque apud divum Augustum
gratia caruit neque apud populum Romanum notitia.
testes Augusti epistulae, testis ipse populus, qui auditis 2
in theatro Vergilii versibus surrexit universus et forte
praesentem spectantemque Vergilium veneratus est sic
quasi Augustum. ne nostris quidem temporibus Secun- 3
dus Pomponius Afro Domitio vel dignitate vitae vel per-
petuitate famae cesserit. nam Crispus iste et Marcellus, 4
ad quorum exempla me vocas, quid habent in hac sua
fortuna concupiscendum? quod timent, an quod timen-
tur? quod, cum cotidie aliquid rogentur, ii quibus ⟨non⟩
praestant indignantur? quod adligati cum adulatione
nec imperantibus umquam satis servi videntur nec nobis
satis liberi? quae haec summa eorum potentia est? tan-
tum posse liberti solent. me vero d u l c e s, ut Vergilius 5
ait, M u s a e, remotum a sollicitudinibus et curis et ne-
cessitate cotidie aliquid contra animum faciendi, in illa
sacra illosque fontis ferant; nec insanum ultra et lubri-
cum forum famamque pallentem trepidus experiar. non 6
me fremitus salutantium nec anhelans libertus excitet,
nec incertus futuri testamentum pro pignore scribam,
nec plus habeam quam quod possim cui velim relinquere

1 haberi *post* honorem *vel* tribui *post* Demostheni *inser.* *Maehly* || **7** istud **X**, *corr.* **b²** || **9** istos **X**, *corr.* **b²** | ad *Lips.*: et (vel ⟨ad⟩ *Gud.*) | consulatus **cE** conventus **C** cent' **B** coetus **b** || **15** [Vergilium] *Ern.* || **21** aliqui **XcE** | ⟨vel⟩ ii *Andr.* | non *add. Lips.* *(cf. Persson, Krit.-exeg. Bemerk. p. 20 sq.)* || **22** ligati **E** | [cum] *Andr.*, *haud probabiliter* || **27** ista . . . istosque **X**, *corr.* **b²** || **28** ⟨ad⟩ fontis *Ritt.* || **29** pallentem **Ub²** pallantem **Bc** palantem **bCE** *prob. Haas-Meister,* fallacem *Bötticher*

(quandoque enim fatalis et meus dies veniet); statuarque tumulo non maestus et atrox, sed hilaris et coronatus, et pro memoria mei nec consulat quisquam nec roget.'

1 14. Vixdum finierat Maternus, concitatus et velut in-
stinctus, cum Vipstanus Messalla cubiculum eius ingres-
sus est suspicatusque ex ipsa intentione singulorum
altiorem inter eos esse sermonem 'num parum tempesti-
vus' inquit 'interveni secretum consilium et causae ali-
cuius meditationem tractantibus?'
2 'Minime, minime' inquit Secundus, 'atque adeo vellem
maturius intervenisses; delectasset enim te et Apri nostri
accuratissimus sermo, cum Maternum ut omne ingenium
ac studium suum ad causas agendas converteret exhor-
tatus est, et Materni pro carminibus suis laeta, utque
poetas defendi decebat, audentior et poetarum quam ora-
torum similior oratio.'
3 'Me vero' inquit '[et] sermo iste infinita voluptate
affecisset, atque id ipsum delectat, quod vos, viri optimi
et temporum nostrorum oratores, non forensibus tantum
negotiis et declamatorio studio ingenia vestra exercetis,
sed eius modi etiam disputationes assumitis, quae et in-
genium alunt et eruditionis ac litterarum iucundissimum
oblectamentum cum vobis, qui ista disputatis, afferunt,
4 tum etiam iis, ad quorum aures pervenerint. itaque her-
cule non minus probari video in te, Secunde, quod Iuli
Africani vitam componendo spem hominibus fecisti
plurium eius modi librorum, quam ⟨improbari⟩ in Apro,
quod nondum ab scholasticis controversiis recessit et

1 [enim] *Nipp.* | ueniet Ub^2 ueniat *rell.* (venerit *Ern.*) | statuar *Hess probante Gud. (sed cf. Sörb., Var. serm. Tac. p. 163)* || **3** mea b, *corr.* b^2 || **6** cum UV tum *rell.* | Vipstanus *C. A. Rupertus:* Vibanius BYE Libanius b Vrbanus b^2 || **9** et] aut *Halm* || **11** minime *semel* BE || **14** exhortatus U ex ortatus b^2 et hortatus BYE et ortatus b || **15** utrique B, *sed corr.* ut'que C || **18** uere BYE | et *del. Halm* | iste U ipse *rell.* (ipse *tuetur Persson*, ille *Gud.*) || **20** ⟨summi⟩ oratores *Halm (potius* ⟨disertissimi⟩ *ut cap. 1 p. 68, 12)* || **23** eruditiones BYE || **24** ista X illa b^2E iam Y || **27** Africani *Nipp.:* asiatici || **28** plurimum Y | improbari *suppl. Andr.*

otium suum mavult novorum rhetorum more quam ve-
terum oratorum consumere.'
15. Tum Aper: 'non desinis, Messalla, vetera tantum 1
et antiqua mirari, nostrorum autem temporum studia
irridere atque contemnere. nam hunc tuum sermonem
saepe excepi, cum oblitus et tuae et fratris tui eloquen-
tiae neminem hoc tempore oratorem esse contenderes
[antiquis], eo, credo, audacius, quod malignitatis opi-
nionem non verebaris, cum eam gloriam, quam tibi alii
concedunt, ipse tibi denegares.'
'Neque illius' inquit 'sermonis mei paenitentiam ago, 2
neque aut Secundum aut Maternum aut te ipsum, Aper,
quamquam interdum in contrarium disputes, aliter sen-
tire credo. ac velim impetratum ab aliquo vestrum ut
causas huius infinitae differentiae scrutetur ac reddat,
quas mecum ipse plerumque conquiro. et quod quibus- 3
dam solacio est, mihi auget quaestionem, quia video
etiam Graiis accidisse ut longius absit ⟨ab⟩ Aeschine et
Demosthene Sacerdos iste Nicetes et si quis alius Ephe-
sum vel Mytilenas concentu scholasticorum et clamo-
ribus quatit, quam Afer aut Africanus aut vos ipsi a
Cicerone aut Asinio recessistis.'
16. 'Magnam' inquit Secundus 'et dignam tractatu 1
quaestionem movisti. sed quis eam iustius explicabit
quam tu, ad cuius summam eruditionem et praestantissi-
mum ingenium cura quoque et meditatio accessit?'
Et Messalla 'aperiam' inquit 'cogitationes meas, si il- 2
lud a vobis ante impetravero, ut vos quoque sermonem
hunc nostrum adiuvetis.'

2 consumere consuetudine b, *sed corr.* || 3 non b num BYE || 6 et *ante* tuae *om.* E || 8 antiquis *del. Acid.*, ⟨parem⟩ antiquis *Lips.*; ⟨parem⟩ oratorem *Birt, probabiliter, sed praeferam* oratorem ⟨parem⟩ | malignitatis *Rhen.*: malignis iis X maligni (maligne C) in iis (hiis C his E) YE malignius b^2 || 10 ipsi BYE || 13 in *om.* b || 16 conquiro CE c$\overset{\text{in}}{\text{on}}$quiro Xc || 18 Graiis *Put.*: gratis XcE gratius C (Graecis *Dronke*) | abiisset Y, *sed* c *corr.* | ab *add. Wesenberg* || 19 Nicetes *Lips.*: enitet || 20 Mitylenas B | concentu *Or.*: concentus XE contentus Yb^2 || 21 nos c || 22 aut ab Y || 24 mouistis, *emend. Lips.* || 27 cognitiones E | si b *et supra v.* E *om.* BY | istud X

3 'Pro duobus' inquit Maternus 'promitto; nam et ego et
Secundus exsequemur eas partes, quas intellexerimus te
non tam omisisse quam nobis reliquisse. Aprum enim
solere dissentire et tu paulo ante dixisti et ipse satis
manifestus est iam dudum in contrarium accingi nec
aequo animo perferre hanc nostram pro antiquorum
laude concordiam.'

4 'Non enim' inquit Aper 'inauditum et indefensum sae-
culum nostrum patiar hac vestra conspiratione damnari.
sed hoc primum interrogabo, quos vocetis antiquos,
quam oratorum aetatem significatione ista determinetis.
5 ego enim cum audio antiquos, quosdam veteres et olim
natos intellego, ac mihi versantur ante oculos Ulixes et
Nestor, quorum aetas mille fere et trecentis annis sae-
culum nostrum antecedit; vos autem Demosthenem et
Hyperidem profertis, quos satis constat Philippi et
Alexandri temporibus floruisse, ita tamen ut utrique
6 superstites essent. ex quo apparet non multo plures
quam trecentos annos interesse inter nostram et Demo-
sthenis aetatem. quod spatium temporis si ad infirmi-
tatem corporum nostrorum referas, fortasse longum
videatur; si ad naturam saeculorum ac respectum im-
7 mensi huius aevi, perquam breve et in proximo est. nam
si, ut Cicero in Hortensio scribit, is est magnus et verus
annus, quo eadem positio caeli siderumque, quae cum
maxime est, rursum existet, isque annus horum quos
nos vocamus annorum duodecim milia nongentos quin-
quaginta quattuor complectitur, incipit Demosthenes
[vester], quem vos veterem et antiquum fingitis, non
solum eodem anno quo nos, sed etiam eodem mense ex-
titisse.

1 nam ego **E** || **4** ipsum ... manifestum **b**[2] || **13** et] ac **X** || **17** ut ⟨huic⟩ (*sc.* Alexandro) utrique *V.* || **19** quadringentos *Lips.* || **22** uidetur **c** | si *om.* **c** | respectu *Sp.* || **24** [ait] scribit **b** || **27** nongentos *J. Nic. Loensis:* ·$\overset{O}{\text{VIII}}$· **b** $\overset{tos}{\text{dCCC}}$ **Y** octingentos **E** $\overset{tos}{\text{VCC}}$ **B** || **28** incipit *ex* incipere *corr.* **b** || **29** uester **bcE** (*sed* este **b** *in litura*) uidetur **BC**; *inclusit Halm, glossema ad* incipit *v. 28 esse videtur* | *post* fingitis *supra v. add.* uideturque **b** || **30** sed etiam *Mich. incerta coniectura:* sed fama **BY** et fama, sed **E** sed fere (ere *in lit.*) **b** | mense] modo **c**

17. Sed transeo ad Latinos oratores, in quibus non 1
Menenium, ut puto, Agrippam, qui potest videri anti-
quus, nostrorum temporum disertis anteponere soletis,
sed Ciceronem et Caesarem et Caelium et Calvum et
Brutum et Asinium et Messallam: quos quid antiquis
temporibus potius adscribatis quam nostris, non video.
nam ut de Cicerone ipso loquar, Hirtio nempe et Pansa 2
consulibus, ut Tiro libertus eius scripsit, VII idus ⟨De-
cembres⟩ occisus est, quo anno divus Augustus in locum
Pansae et Hirtii se et Q. Pedium consules suffecit.
statue sex et quinquaginta annos, quibus mox divus 3
Augustus rem publicam rexit; adice Tiberii tres et
viginti, et prope quadriennium Gai, ac bis quaternos de-
nos Claudii et Neronis annos, atque illum Galbae et
Othonis et Vitellii longum et unum annum, ac sextam
iam felicis huius principatus stationem, qua Vespasianus
rem publicam fovet: centum et viginti anni ab interitu
Ciceronis in hunc diem colliguntur, unius hominis
aetas. nam ipse ego in Britannia vidi senem, qui se 4
fateretur ei pugnae interfuisse, qua Caesarem inferen-
tem arma Britanni arcere litoribus et pellere aggressi
sunt. ita si eum, qui armatus C. Caesari restitit, vel
captivitas vel voluntas vel fatum aliquod in urbem per-
traxisset, aeque idem et Caesarem ipsum et Ciceronem
audire potuit et nostris quoque actionibus interesse. pro- 5
ximo quidem congiario ipsi vidistis plerosque senes, qui
se a divo quoque Augusto semel atque iterum accepisse
congiarium narrabant. ex quo colligi potest et Corvinum 6
ab illis et Asinium audiri potuisse — nam Asinius in

2 Menenium b *et* E *in marg.* me nimium *rell.* | antiquos BY || **3** voletis *Kleiber* || **4** Coelium b Alium BYE || **6** potius temporibus b || **7** ipse Y || **8** Decembres *add. Lips., lacunam indicant* Yb^2 || **11** VI *Lips.:* nouem || **14** illum E istum X (unum *supra v.* b^2) ipsum Y || **15** sextam] septimam *Url.*, novem *Sauppe; cf. Koest., Philol. 87, 1932, 363 adn. 17* || **16** quo *Steiner, at cf. Koest. l. c.* || **17** uiginti Y decem XE || **20** fatebatur cE | ei E et *rell.* || **21** Britanni *Ern.:* britanniae (⟨terrae⟩ Britanni *Koest.*) || **24** aeque idem *Nissen:* et quidem | et *ante* Caesarem *om.* b || **27** [quoque] *Andr. olim* || **29** Asinius ... Corvinus *Borghesi (cf. Sörb., Var. serm. Tac. p. 7):* Corvinius ... Asinius

medium usque Augusti principatum, Corvinus paene
ad extremum duravit —: ne dividatis saeculum et anti-
quos ac veteres vocitetis oratores, quos eorundem ho-
minum aures agnoscere ac velut coniungere et copulare
potuerunt.

1 18. Haec ideo praedixi, ut si qua ex horum oratorum
fama gloriaque laus temporibus acquiritur, eam docerem
in medio sitam et propiorem nobis quam Servio Galbae
aut C. Carboni quosque alios merito antiquos vocaveri-
mus; sunt enim horridi et impoliti et rudes et informes
et quos utinam nulla parte imitatus esset Calvus vester
2 aut Caelius aut ipse Cicero. agere enim fortius iam et
audentius volo, si illud ante praedixero, mutari cum
temporibus formas quoque et genera dicendi. sic Catoni
seni comparatus C. Gracchus plenior et uberior, sic
Graccho politior et ornatior Crassus, sic utroque
distinctior et urbanior et altior Cicero, Cicerone mitior
3 Corvinus et dulcior et in verbis magis elaboratus. nec
quaero quis disertissimus: hoc interim probasse conten-
tus sum, non esse unum eloquentiae vultum, sed in illis
quoque quos vocatis antiquos plures species deprehendi,
nec statim deterius esse quod diversum est, vitio autem
malignitatis humanae vetera semper in laude, praesentia
4 in fastidio esse. num dubitamus inventos qui pro Catone
Appium Caecum magis mirarentur? satis constat ne
Ciceroni quidem obtrectatores defuisse, quibus inflatus
et tumens nec satis pressus, sed supra modum exsultans
5 et superfluens et parum Atticus videretur. legistis uti-
que et Calvi et Bruti ad Ciceronem missas epistulas, ex
quibus facile est deprehendere Calvum quidem Ciceroni
visum exsanguem et attritum, Brutum autem otiosum
atque diiunctum; rursusque Ciceronem a Calvo quidem
male audisse tamquam solutum et enervem, a Bruto

3 uocetis XE || **7** eam *Halm:* eandem || **9** Laelio aut C. *suppl. Ritt. post* C. *praeeunte Schulting, cf. c. 25* || **11** nulla XC in ulla E in illa c ⟨ne⟩ in ulla *John* | miratus *Gud.* || **13** istud X || **20** in b *supra v., om. rell.* || **24** prae *Groslotius* || **25** [magis] *Schurzfl.* || **28** antiquus, *corr. Urs. prob. Güngerich* | uidetur Y || **32** deiunctum b || **33** a Bruto quidem autem X, *sed* b quidem *del.*

autem, ut ipsius verbis utar, tamquam fractum at-
que elumbem. si me interroges, omnes mihi videntur 6
verum dixisse. sed mox ad singulos veniam, nunc mihi
cum universis negotium est.

19. Nam quatenus antiquorum admiratores hunc velut 1
terminum antiquitatis constituere solent, ⟨ego Cassium
Severum⟩, quem reum faciunt, quem primum affirmant
flexisse ab ista vetere atque directa dicendi via, non in-
firmitate ingenii nec inscitia litterarum transtulisse se
ad illud dicendi genus contendo, sed iudicio et intellectu.
vidit namque, ut paulo ante dicebam, cum condicione 2
temporum et diversitate aurium formam quoque ac spe-
ciem orationis esse mutandam. facile perferebat prior
ille populus, ut imperitus et rudis, impeditissimarum
orationum spatia atque id ipsum laudabat, si dicendo
quis diem eximeret. iam vero longa principiorum prae- 3
paratio et narrationis alte repetita series et multarum
divisionum ostentatio et mille argumentorum gradus et
quidquid aliud aridissimis Hermagorae et Apollodori
libris praecipitur, in honore erat; quod si quis odoratus
philosophiam videretur atque ex ea locum aliquem ora-
tioni suae insereret, in caelum laudibus ferebatur. nec 4
mirum; erant enim haec nova et incognita, et ipsorum
quoque oratorum paucissimi praecepta rhetorum aut
philosophorum placita cognoverant. at hercule pervul- 5
gatis iam omnibus, cum vix in cortina quisquam assistat,

1 atque] et E || **2** interrogas **Y** || **3** uenias **X**, *corr.* b² || **6** solent, ⟨ego Cassium Severum⟩, quem *Andr. incerta coniectura:* solent **qui (**$\overset{an}{qui}$ **b)** usque ad Cassium quem *libri. In his glossam marginalem latere suspicatus est Andr., quae haec fuit:* an⟨ti⟩qui usque ad Cassium, *eamque in textum receptam pepulisse verba* ego Cassium Severum *vel similia. Alii maiorem lacunam statuunt;* qui usque ad Cassium ⟨Severum, eum,⟩ quem reum faciunt *Buechner* || **8** illa cEb² | derecta *Baehr.* (recta *Novák;* [atque directa] *Gud.*) | dicendi directa b || **10** aliud *Andr., fort. recte* || **12** ac] et b || **14** iste **X** | imperitissimarum, *emend. Mur.* || **15** laudi dabatur cE || **17** narrationum *Sp.* || **19** aliud *om.* **C** || **20** adoratus *libri, sed* E *m. post. et* b² *corr.* || **21** videtur BYE, *sed* E *corr.* || **22** inserere b | ferebantur BE || **23** erat BYE || **26** in cortina *suspectum* in corona *Urs.* in contione *Helmr.*

quin elementis studiorum, etsi non instructus, at certe imbutus sit, novis et exquisitis eloquentiae itineribus opus est, per quae orator fastidium aurium effugiat, utique apud eos iudices, qui vi et potestate, non iure aut legibus cognoscunt nec accipiunt tempora, sed constituunt nec exspectandum habent oratorem, dum illi libeat de ipso negotio dicere, sed saepe ultro admonent atque alio transgredientem revocant et festinare se testantur.
1 20. Quis nunc feret oratorem de infirmitate valitudinis
suae praefantem? qualia sunt fere principia Corvini.
quis quinque in Verrem libros exspectabit? quis de exceptione et formula perpetietur illa immensa volumina,
2 quae pro M. Tullio aut Aulo Caecina legimus? praecurrit hoc tempore iudex dicentem et nisi aut cursu argumentorum aut colore sententiarum aut nitore et cultu descriptionum invitatus et corruptus est, aversatur
3 [dicentem]. vulgus quoque assistentium et affluens et vagus auditor assuevit iam exigere laetitiam et pulchritudinem orationis, nec magis perfert in iudiciis tristem et impexam antiquitatem, quam si quis in scaena Rosci
4 aut Turpionis Ambivii exprimere gestus velit. iam vero iuvenes et in ipsa studiorum incude positi, qui profectus sui causa oratores sectantur, non solum audire, sed etiam referre domum aliquid illustre et dignum memoria volunt; traduntque in vicem ac saepe in colonias ac provincias suas scribunt, sive sensus aliquis arguta et brevi sententia effulsit, sive locus exquisito et poetico cultu
5 enituit. exigitur enim iam ab oratore etiam poeticus decor, non Accii aut Pacuvii veterno inquinatus, sed ex

1 quin *Mur.:* qui || **2** [ge]neribus (iti *supra* ge) b || **4** vi *om.* B, *supra v. add.* b | iure aut X *probante Loefst. (cf. Syntactica I² 1942, p. 347, 3)* iure et YE || **5** nec] et cE || **6** expectantem X || **10** f'antem (*quod fortasse est* fabulantem) C || **11** de *supra v. add.* b, *om. rell.* || **12** ista X, *sed corr.* b² || **13** aut] et b || **14** dicentes X, *sed corr.* b² || **16** aduersatur YE || **17** [dicentem] *Schele* || **20** scena E scenam *rell.* | ⟨Q⟩. Roscii *Bötticher, sed cf. Sörb., Var. serm. Tac. p. 5* || **21** Ambivii *Lips.:* aut Ambivii || **23** nec solum X | adire YE, *sed in* E *corr. m. post.* || **25** et provincias bc || **26** sensus *Mur.:* in suis (insignis ⟨sensus⟩ *Sp.*) || **28** exigitur *Lips.:* exigetur (exercetur *supra*) c exercitur (e *supra*) B exercetur bCE | enim *om.* Y

Horatii et Vergilii et Lucani sacrario prolatus. horum 6
igitur auribus et iudiciis obtemperans nostrorum orato-
rum aetas pulchrior et ornatior extitit. neque ideo minus
efficaces sunt orationes nostrae, quia ad aures iudican-
tium cum voluptate perveniunt. quid enim, si infirmiora 7
horum temporum templa credas, quia non rudi caemento
et informibus tegulis exstruuntur, sed marmore nitent
et auro radiantur?

21. Equidem fatebor vobis simpliciter me in quibus- 1
dam antiquorum vix risum, in quibusdam autem vix
somnum tenere. nec unum de populo, Canuti⟨um⟩ aut
Atti⟨um, dico, ne quid loquar⟩ de Furnio et Toranio
quique alii in eodem valitudinario haec ossa et hanc
maciem probant: ipse mihi Calvus, cum unum et viginti,
ut puto, libros reliquerit, vix in una aut altera oratiun-
cula satis facit. nec dissentire ceteros ab hoc meo iudicio 2
video: quotus enim quisque Calvi in Asicium aut in
Drusum legit? at hercule in omnium studiosorum mani-
bus versantur accusationes quae in Vatinium inscribun-
tur, ac praecipue secunda ex his oratio; est enim verbis
ornata et sententiis, auribus iudicum accommodata, ut
scias ipsum quoque Calvum intellexisse quid melius
esset, nec voluntatem ei, quo ⟨minus⟩ sublimius et cul-
tius diceret, sed ingenium ac vires defuisse. quid? ex 3
Caelianis orationibus nempe eae placent, sive universae
⟨sive⟩ partes earum, in quibus nitorem et altitudinem
horum temporum agnoscimus. sordes autem [regulae] 4

8 radiant *Lat. Latinius* || **11** Canutium *J. Fr. Gron.:* Canuti b[2] ganuti BcE sanuti bC || **12** Attium *Mich.:* Atti *libri, nisi quod* Acti E (Arrium *J. Fr. Gron.*) | dico, ne quid loquar *suppl. John, alii alia* | toranio b coranio *rell.* || **13** quique alii *Lips.:* quique alios X alios Y que alios E aliosque qui *Mich.* (quosque alios ... haec macies probant *J. Fr. Gron. aliique*, quique alios in e. v. ⟨ob⟩ h. o. et hanc m. probant *V. et Gud.*) || **14** praebent *Ritt.*, produnt *Acid.* || **15** aut *Put.:* et || **17** Asicium E Asitium *rell.* || **18** omnium *Acid.:* hominum || **19** inscribuntur *Lips.:* scribuntur c conscribuntur *rell.* || **20** iis b | et *post* enim *inseruit Andr.* || **23** quo ⟨minus⟩ *Halm:* quo (quin *Put.*) || **24** ac] et E || **25** universae ⟨sive⟩ partes earum *Pith.:* universa parte serum || **27** regulae bC *del.* b[2] regule B illae c ille E (reliquae *Sorof probante Persson, cf. Krit.-exeget. Bemerk. p. 37 sq.*)

verborum et hians compositio et inconditi sensus red-
olent antiquitatem; nec quemquam adeo antiquarium
puto, ut Caelium ex ea parte laudet qua antiquus est.
5 concedamus sane C. Caesari, ut propter magnitudinem
cogitationum et occupationes rerum minus in eloquen-
tia effecerit, quam divinum eius ingenium postulabat,
tam hercle quam Brutum philosophiae suae relinqua-
mus; nam in orationibus minorem esse fama sua etiam
6 admiratores eius fatentur. nisi forte quisquam aut
Caesaris pro Deci⟨di⟩o Samnite aut Bruti pro Deiotaro
rege ceterosque eiusdem lentitudinis ac teporis libros
legit, nisi qui et carmina eorundem miratur. fecerunt
enim et carmina et in bibliothecas rettulerunt, non melius
quam Cicero, sed felicius, quia illos fecisse pauciores
7 sciunt. Asinius quoque, quamquam propioribus tempo-
ribus natus sit, videtur mihi inter Menenios et Appios
studuisse. Pacuvium certe et Accium non solum tra-
goediis sed etiam orationibus suis expressit; adeo durus
8 et siccus est. oratio autem, sicut corpus hominis, ea
demum pulchra est, in qua non eminent venae nec ossa
numerantur, sed temperatus ac bonus sanguis implet
membra et exsurgit toris ipsosque nervos rubor tegit et
9 decor commendat. nolo Corvinum insequi, quia nec per
ipsum stetit, quo minus laetitiam nitoremque nostrorum
temporum exprimeret; et videmus, in quantum iudicio
eius vis aut animi aut ingenii suffecerit.
1 22. Ad Ciceronem venio, cui eadem pugna cum aequa-
libus suis fuit, quae mihi vobiscum est. illi enim anti-
quos mirabantur, ipse suorum temporum eloquen-
tiam anteponebat; nec ulla re magis eiusdem aetatis
2 oratores praecurrit quam iudicio. primus enim excoluit
orationem, primus et verbis delectum adhibuit et com-

5 eloquentiam Y || **10** Deci⟨di⟩o *John:* Decio (*cf. Ann. 4, 13* Carsius *pro* Carsidius) || **11** teporis *Lips.:* temporis (torporis *Schele*) || **12** mirantur b || **13** bybliothecas b || **14** qui istos X, *corr.* b^2 || **22** rubore BYE robur b^2 || **23** decor⟨e⟩ *Lips.* | nec X non YE || **25** et videmus *Acid.:* viderimus (videmus enim *Baehr.*) | in quantum E: inquam XY quam b^2 || **26** uis animi E || **30** oratores aetatis eiusdem X || **32** dilectum E

positioni artem, locos quoque laetiores attentavit et
quasdam sententias invenit, utique in iis orationibus,
quas senior iam et iuxta finem vitae composuit, id est
postquam magis profecerat usuque et experimentis didi-
cerat quod optimum dicendi genus esset. nam priores 3
eius orationes non carent vitiis antiquitatis: lentus est
in principiis, longus in narrationibus, otiosus circa ex-
cessus; tarde commovetur, raro incalescit; pauci sensus
apte et cum quodam lumine terminantur. nihil excerpere,
nihil referre possis, et velut in rudi aedificio firmus sane
paries et duraturus, sed non satis expolitus et splendens.
ego autem oratorem, sicut locupletem ac lautum patrem 4
familiae, non eo tantum volo tecto tegi quod imbrem ac
ventum arceat, sed etiam quod visum et oculos delectet;
non ea solum instrui supellectile quae necessariis usi-
bus sufficiat, sed sit in apparatu eius et aurum et gem-
mae, ut sumere in manus et aspicere saepius libeat.
quaedam vero procul arce⟨a⟩ntur ut iam oblitterata et 5
olentia: nullum sit verbum vel⟨ut⟩ rubigine infectum,
nulli sensus tarda et inerti structura in morem annalium
componantur; fugitet foedam et insulsam scurrilitatem,
variet compositionem nec omnes clausulas uno et eodem
modo determinet.

23. Nolo irridere rotam Fortunae et ius verri- 1
num et illud tertio quoque sensu in omnibus orationi-
bus pro sententia positum esse videatur. nam et haec
invitus rettuli et plura omisi, quae tamen sola mirantur
atque exprimunt ii, qui se antiquos oratores vocant.
neminem nominabo, genus hominum significasse conten- 2
tus; sed vobis utique versantur ante oculos isti, qui

1 lectiores *atque etiam* latiores b^2 || **3** senior iam YEb^2 iam senior *rell.* || **5** esset E est *rell.* || **9** apte et *Acid.:* opt. et B opt. . . . et b optet c opti et C optet . . . E (optato et *Birt coll. Cic. Att. 13, 28, 3, probabiliter*) || **10** et ⟨est⟩ velut *Baehr.* || **12** lautum *Lips.:* laudatum || **15** suppellectili Y || **17** et] ut YE | libeat *Agr.:* liceat || **18** arcentur, *em. Lips.* || **19** exoleta *Acid.*, obsoleta *Gud.* | ut nullum C | velut *Rhen.:* uel (quod b, *sed corr.*) || **21** fugiet Y || **23** terminet U, *Lips.* || **24** Vetrinum X || **25** istud X, *sed corr.* b^2 || **27** inuitatus *libri, sed* b *corr.* || **28** vocant *Lips.:* uocabant (vocitant *Schurzfl.*) || **30** isti *del.* b^2 *om.* U

Lucilium pro Horatio et Lucretium pro Vergilio legunt, quibus eloquentia Aufidii Bassi aut Servilii Noniani ex comparatione Sisennae aut Varronis sordet, qui rhetorum nostrorum commentarios fastidiunt [oderunt],
3 Calvi mirantur. quos more prisco apud iudicem fabulantes non auditores sequuntur, non populus audit, vix denique litigator perpetitur: adeo maesti et inculti illam ipsam quam iactant sanitatem non firmitate, sed ieiunio
4 consequuntur. porro ne in corpore quidem valitudinem medici probant, quae animi anxietate contingit; parum est aegrum non esse: fortem et laetum et alacrem volo. prope abest ab infirmitate, in quo sola sanitas laudatur.
5 vos vero, ⟨viri⟩ disertissimi, ut potestis, ut facitis, illustrate saeculum nostrum pulcherrimo genere dicendi.
6 nam et te, Messalla, video laetissima quaeque antiquorum imitantem, et vos, Materne ac Secunde, ita gravitati sensuum nitorem et cultum verborum miscetis, ea electio inventionis, is ordo rerum, ea, quotiens causa poscit, ubertas, ea, quotiens permittitur, brevitas, is compositionis decor, ea sententiarum planitas est, sic exprimitis affectus, sic libertatem temperatis, ut etiam si nostra iudicia malignitas et invidia tardaverit, verum de vobis dicturi sint posteri nostri.'

1 24. Quae cum Aper dixisset, 'agnoscitisne' inquit Maternus 'vim et ardorem Apri nostri? quo torrente, quo impetu saeculum nostrum defendit! quam copiose ac varie vexavit antiquos! quanto non solum ingenio ac spiritu, sed etiam eruditione et arte ab ipsis mutuatus
2 est per quae mox ipsos incesseret! tuum tamen, Messalla, promissum immutasse non debet. neque enim defensorem antiquorum exigimus nec quemquam nostrum, quamquam modo laudati sumus, iis quos insectatus est

2 Aufidi E tui fidi Xc cui fidi C || 4 [oderunt] *Heum.*, et oderunt b *corr.* || 7 istam X, *corr.* b^2 || 8 non firmitate *Acid.:* infirmitatem YE infirmitatemque X || 10 animi] nimia *J. H. A. Schulze* || 13 viri *add. Acid. (post* disertissimi *Sörb.)* || 15 lectissima b^2 || 18 rerum ea *Wopkens:* rerum et || 19 permittit E *probante Sp.* || 20 plenitas C *et* b *corr.* || 31 nostrum *Acid.:* nostrorum (nostrorum ⟨temporum⟩ *coni. Halm*)

Aper comparamus. ac ne ipse quidem ita sentit, sed more
veteri et a nostris philosophis saepe celebrato sumpsit
sibi contra dicendi partes. igitur exprome nobis non lau- 3
dationem antiquorum (satis enim illos fama sua laudat),
sed causas cur in tantum ab eloquentia eorum recesseri-
mus, cum praesertim centum et viginti annos ab interitu
Ciceronis in hunc diem effici ratio temporum collegerit.'

25. Tum Messalla: 'sequar praescriptam a te, Materne, 1
formam; neque enim diu contra dicendum est Apro, qui
primum, ut opinor, nominis controversiam movit, tam-
quam parum proprie antiqui vocarentur, quos satis
constat ante centum annos fuisse. mihi autem de voca- 2
bulo pugna non est; sive illos antiquos sive maiores sive
quo alio mavult nomine appellet, dum modo in confesso
sit eminentiorem illorum temporum eloquentiam fuisse.
ne illi quidem parti sermonis eius repugno, quominus
fatear plures formas dicendi etiam iisdem saeculis,
nedum diversis extitisse. sed quo modo inter Atticos 3
oratores primae Demostheni tribuuntur, proximum au-
tem locum Aeschines et Hyperides et Lysias et Lycurgus
obtinent, omnium tamen concessu haec oratorum aetas
maxime probatur, sic apud nos Cicero quidem ceteros
eorundem temporum disertos antecessit, Calvus autem
et Asinius et Caesar et Caelius et Brutus iure et priori-
bus et sequentibus anteponuntur. nec refert quod inter 4
se specie differunt, cum genere consentiant. adstrictior
Calvus, nervosior Asinius, splendidior Caesar, amarior

2 vetere *Ritt., sed cf. Sörb., Var. serm. Tac. p. 26 adn. 2* | nostris] uestris YE, veteribus *Nipp.; del. Mur.* || **4** istos X, *corr.* b^2 | illos sua laudant U || **5** in *om.* X | recesserimus E recess^{et}imus, *ut vid.*, c recessimus XC || **6** ·C· et X C || **7** colligitur Y || **8** praescriptam a te XC perscriptam et c et prescriptam E || **10** primus E || **12** constaret cE || **13** istos X || **15** istorum X, *corr.* b^2 || **16** quominus fatear V, *John:* si cominus (comminus; quominus b^2) fatetur *libri nisi quod* fatear E, comminus si fatetur *Birt (cf. Philol. 83 [1928] 170)*, quin omnes fatemur *Acid., alii alias* || **19** [autem] *Ritt.* | **21** tamen *Gud.:* autem | consensu UV || **22** sic b^2 sicut *libri* || **24** iure b^2 si uere *libri* || **26** differunt *Halm:* differant | adstrictior *Acid.:* at strictior || **27** nervosior *Meiser:* nũosior X numerosior YE

Caelius, gravior Brutus, vehementior et plenior et valen-
tior Cicero: omnes tamen eandem sanitatem eloquentiae
⟨prae se⟩ ferunt, ut si omnium pariter libros in manum
sumpseris, scias, quamvis in diversis ingeniis, esse quan-
dam iudicii ac voluntatis similitudinem et cognationem.
5 nam quod invicem se obtrectaverunt et sunt aliqua epi-
stulis eorum inserta, ex quibus mutua malignitas dete-
6 gitur, non est oratorum vitium, sed hominum. nam et
Calvum et Asinium et ipsum Ciceronem credo solitos
et invidere et livere et ceteris humanae infirmitatis vitiis
affici; solum inter hos arbitror Brutum non malignitate
nec invidia, sed simpliciter et ingenue iudicium animi
sui detexisse. an ille Ciceroni invideret, qui mihi videtur
7 ne Caesari quidem invidisse? quod ad Servium Galbam
et C. Laelium attinet et si quos alios antiquiorum agi-
tare ⟨Aper⟩ non destitit, non exigit defensorem, cum
fatear quaedam eloquentiae eorum ut nascenti adhuc nec
satis adultae defuisse.

1 26. Ceterum si omisso optimo illo et perfectissimo ge-
nere eloquentiae eligenda sit forma dicendi, malim hercle
C. Gracchi impetum aut L. Crassi maturitatem quam
calamistros Maecenatis aut tinnitus Gallionis: adeo
melius est orationem vel hirta toga induere quam fuca-
2 tis et meretriciis vestibus insignire. neque enim oratorius
iste, immo hercle ne virilis quidem cultus est, quo ple-
rique temporum nostrorum actores ita utuntur, ut lasci-
via verborum et levitate sententiarum et licentia compo-
3 sitionis histrionales modos exprimant. quodque vix
auditu fas esse debeat, laudis et gloriae et ingenii loco
plerique iactant cantari saltarique commentarios suos.

1 ualentior et plenior et uehementior E || **2** sanctitatem, *em. Rhen.*, *vix recte def. A. D. Leemann* || **3** ⟨prae se⟩ ferunt *Andr.*: serunt (ferunt b^2, ⟨prae⟩ferunt *Acid.*, ⟨ef⟩ferunt *Lenchantin*, servant *Koest.*) || **4** scias b sciam *rell.* || **5** cogitationem, *em. Ber.* || **10** [et invidere] *Nipp. et Andr.* | livore *Ritt.* || **11** Brutum *Put.*: utrum BYE uerum b || **15** C. Caelium c C. Carbonem *Cl.* | antiquorum, *em. Peder Voss* || **16** Aper *add. idem, sed post* antiquiorum | desistit *Ber.* || **19** optimo U opimo *rell.* || **23** orationem (*mutatum in* oratorem) U oratorem *rell.* (oratorem vel hirtam togam induere quam fucatis ⟨se⟩ et *F. Polle*) || **26** autores b auctores B

unde oritur illa foeda et praepostera, sed tamen frequens
[sicut his clam et] exclamatio, ut oratores nostri tenere
dicere, histriones diserte saltare dicantur. equidem non 4
negaverim Cassium Severum, quem solum Aper noster
nominare ausus est, si iis compararetur, qui postea fuerunt,
posse oratorem vocari, quamquam in magna parte librorum suorum plus b⟨il⟩is habeat quam sanguinis. primus enim contempto ordine rerum, omissa modestia ac pudore verborum, ipsis etiam quibus utitur armis incompositus et studio feriendi plerumque deiectus, non pugnat,
sed rixatur. ceterum, ut dixi, sequentibus comparatus 5
et varietate eruditionis et lepore urbanitatis et ipsarum
virium robore multum ceteros superat, quorum neminem
Aper nominare et velut in aciem educere sustinuit. ego 6
autem exspectabam, ut incusato Asinio et Caelio et
Calvo aliud nobis agmen produceret plurisque vel certe
totidem nominaret, ex quibus alium Ciceroni, alium
Caesari, singulis deinde singulos opponeremus. nunc 7
detrectasse nominatim antiquos oratores contentus neminem sequentium laudare ausus est nisi in publicum
et in commune, veritus credo, ne multos offenderet, si
paucos excerpsisset. quotus enim quisque scholastico- 8
rum non hac sua persuasione fruitur, ut se ante Ciceronem numeret, sed plane post Gabinianum? at ego non verebor nominare singulos, quo facilius propositis exemplis appareat, quibus gradibus fracta sit et deminuta eloquentia.'

27. 'Parce' inquit Maternus 'et potius exsolve promis- 1
sum. neque enim hoc colligi desideramus, disertiores

2 *verba* sicut his clam (dam . . . **E**, cła **Y**) et *ex glossemate orta esse docuit John; signum corruptelae posuit Furneaux* | temere, *em. Lips.* || **4** nominare Aper noster **E** || **7** b⟨il⟩is *Wopkens:* uis || **10** studiis, *em. Rhen.* | deuectus **Y**, detectus *Lips.* || **13** cunctos *Baehr.* || **14** uult **X**, *sed* **b** *corr.* || **15** incurato **bC** in Curato **B** || **16** certo **B** || **17** Ciceroni, ⟨alium Bruto,⟩ alium Caesari *Sp.* || **18** nunc *Rhen.:* non || **21** ueritum, *em. Lips.* | offenderet] laederet **b** || **22** excerpisset **C** || **24** ⟨et⟩si plane *R. Schöll* || **26** fracta **b** reta **BYE** | diminuta **BE** dimunuta **b** || **28** Parce *Andr.:* Aparte **C** *ac supra v.* **Bc** Apparate **Xc** Aperte **E** (at parce *Mich. et Halm*) || **29** hoc **cE** hec **X** hęc **C**

esse antiquos, quod apud me quidem in confesso est, sed causas exquirimus, quas te solitum tractare paulo ante ⟨aisti⟩, plane mitior et eloquentiae temporum nostrorum minus iratus, antequam te Aper offenderet maiores tuos lacessendo.'
2 'Non sum' inquit 'offensus Apri mei disputatione, nec vos offendi decebit, si quid forte aures vestras perstringat, cum sciatis hanc esse eius modi sermonum legem, iudicium animi citra damnum affectus proferre.'
3 'Perge' inquit Maternus 'et cum de antiquis loquaris, utere antiqua libertate, qua vel magis degeneravimus quam ab eloquentia.'
1 28. Et Messalla: 'non reconditas, Materne, causas requiris nec aut tibi ipsi aut huic Secundo vel huic Apro ignotas, etiam si mihi partes assignatis proferendi in
2 medium quae omnes sentimus. quis enim ignorat et eloquentiam et ceteras artes descivisse ab illa vetere gloria non inopia hominum, sed desidia iuventutis et neglegentia parentum et inscientia praecipientium et oblivione moris antiqui? quae mala primum in urbe nata, mox
3 per Italiam fusa, iam in provincias manant. quamquam vestra vobis notiora sunt: ego de urbe et his propriis ac vernaculis vitiis loquar, quae natos statim excipiunt et per singulos aetatis gradus cumulantur, si prius de severitate ac disciplina maiorum circa educandos forman-
4 dosque liberos pauca praedixero. nam pridem suus cuique filius, ex casta parente natus, non in cellula emptae nutricis, sed gremio ac sinu matris educabatur, cuius

1 me quidem b me equidem *rell.* || **3** aisti *add. Koest.* (dixisti *inseruit Lips.*) | mitior et eloquentiae *Schele:* mitiore eloquentia et || **4** minus iratus *C. F. W. Nissen:* miratus iratus || **5** incessendo *Heum.* || **6** Apri mei *Schurzfl.:* a prima (Apri illa, Apri nostri *coni. al.*, Apri *Or.*) | nec *Put.:* nam et XC nam nec cE (nec mea *Andr.*) || **7** perstringit cE perstrigit C perstringet *Lips.* || **10** et *om.* XC || **11** a qua b² *probante Andr.* || **13** Et YE Qui X Tū b² *supra v.* || **15** etiam (etenim iam c)] ⟨sed tamen dicam⟩ *Ritschl*, ⟨sed aperiam⟩ *Traube et Andr.* || **18** hominum] ingeniorum *Fr. Jacob* || **21** in *om.* BY || **22** iis b huius *Sp.* eius *Meiser* || **24** comitantur *J. J. Hartman* | de b² a *libri* || **26** nam *Weiss.:* iam || **27** cellula *Baehr.:* cellam XcE cella C (cella *Put.*) || **28** ⟨in⟩ gremio *Andr., sed cf. Sörb., Var. serm. Tac. p. 49*

praecipua laus erat tueri domum et inservire liberis.
eligebatur autem maior aliqua natu propinqua, cuius
probatis spectatisque moribus omnis eiusdem familiae
suboles committeretur; coram qua neque dicere fas
erat quod turpe dictu neque facere quod inhonestum
factu videretur. ac non studia modo curasque, sed remis- 5
siones etiam lususque puerorum sanctitate quadam ac
verecundia temperabat. sic Corneliam Gracchorum, sic
Aureliam Caesaris, sic Atiam Augusti matrem prae-
fuisse educationibus ac produxisse principes liberos ac-
cepimus. quae disciplina ac severitas eo pertinebat, ut 6
sincera et integra et nullis pravitatibus detorta unius
cuiusque natura toto statim pectore arriperet artes ho-
nestas et, sive ad rem militarem sive ad iuris scientiam
sive ad eloquentiae studium inclinasset, id solum ageret,
id universum hauriret.

29. At nunc natus infans delegatur Graeculae alicui 1
ancillae, cui adiungitur unus aut alter ex omnibus ser-
vis, plerumque vilissimus nec cuiquam serio ministerio
accommodatus. horum fabulis et erroribus [et] virides
[teneri] statim et rudes animi imbuuntur; nec quisquam
in tota domo pensi habet, quid coram infante domino aut
dicat aut faciat. quin etiam ipsi parentes non probitati 2
neque modestiae parvulos assuefaciunt, sed lasciviae et
dicacitati, per quae paulatim impudentia irrepit et sui
alienique contemptus. iam vero propria et peculiaria 3

1 *post* liberis *posuit Bernhardy verba* ac non ... accepimus *(v. 6—11), Sauppe* sic ... accepimus *(v. 8—11/* || 2 eligebatur autem, *lectionem iure defendit Barwick* (eligebatur saltem *Ribb.;* aut eligebatur *Meiser et Koest. olim*) || 4 soboles | dicere E (s *supra v. add.* E[2]) discere **XY**, *sed* c *et* b[2] *corr.* || 7 *post* puerorum *Peter add.* mater || 9 Atiam *Ern.:* Acciam BYE actiam b | [matrem] *Sauppe, sed cf. Persson, Krit.-exeget. Bemerk. p. 42* || 12 nullis *Rhen.:* in nullis || 14 rem Y (artem c *corr.*) E *om.* **X** || 20 et uirides (uiles c uires C *et* c *supra v.* uides E[2] *in lacuna*) teneri *libri;* et uirides *del.* b[2] virides statim et rudes *Knaut* (virides statim et teneri *Gud.*, teneri st. et rudes *Andr.*) || 23 non probitati *Baehr. et V. incerta coniectura:* improbitati E nec improbitati B nec improbitati C nec improbitati c nec probitati b || 25 dicacitati *corr. ex* bibacitati b bibacitati *rell.*

huius urbis vitia paene in utero matris concipi mihi
videntur, histrionalis favor et gladiatorum equorumque
studia: quibus occupatus et obsessus animus quantu-
lum loci bonis artibus relinquit? quotum quemque inve-
nies qui domi quicquam aliud loquatur? quos alios
adulescentulorum sermones excipimus, si quando audi-
4 toria intravimus? ne praeceptores quidem ullas crebrio-
res cum auditoribus suis fabulas habent; colligunt enim
discipulos non severitate disciplinae nec ingenii experi-
mento, sed ambitione salutationum et illecebris adula-
tionis.

1 30. Transeo prima discentium elementa, in quibus et
ipsis parum laboratur: nec in auctoribus cognoscendis
nec in evolvenda antiquitate nec in notitia vel rerum vel
2 hominum vel temporum satis operae insumitur. sed ex-
petuntur quos rhetoras vocant; quorum professio quando
primum in hanc urbem introducta sit quamque nullam
apud maiores nostros auctoritatem habuerit, statim
dicturus referam necesse est animum ad eam disciplinam,
qua usos esse eos oratores accepimus, quorum infinitus
labor et cotidiana meditatio et in omni genere studiorum
assiduae exercitationes ipsorum etiam continentur libris.
3 notus est vobis utique Ciceronis liber, qui Brutus in-
scribitur, in cuius extrema parte (nam prior comme-
morationem veterum oratorum habet) sua initia, suos
gradus, suae eloquentiae velut quandam educationem
refert: se apud Q. Mucium ius civile didicisse, apud Phi-
lonem Academicum, apud Diodotum Stoicum omnes
philosophiae partes penitus hausisse; neque iis docto-
ribus contentum, quorum ei copia in urbe contigerat,

4 relinquitur Y | inuenires X, *corr.* b^2 || 7 ne *J. Fr. Gron.:* nec | ullam quidem crebriorem (*mut. ex* crebriores) b ullas quidem crebriores b^2 || 14 notitiam *libri* (*lect. tuentur Baehr. aliique*), *corr.* b *et* E || 16 uocatis X, *sed corr.* || 18 habuit B || 19 dicturus *J. Fr. Gron. incerta coniectura:* de curiis XY decurrens E (decursurus *V.*, detecturus *Koest.; ex glossemate* 'de curis antiquorum oratorum' *ortum esse coni. Helmr.*) || 20 quo ausos BcE quo auos C || 22 exercitationes E exercitationis XY, *sed* b *corr.* || 23 vobis *Rhen.:* nobis || 27 refert *corr.* b referre XYE || 28 Diodorum XCE

Achaiam quoque et Asiam peragrasse, ut omnem om-
nium artium varietatem complecteretur. itaque hercule 4
in libris Ciceronis deprehendere licet non geometriae,
non musicae, non grammaticae, non denique ullius in-
genuae artis scientiam ei defuisse. ille dialecticae subti-
litatem, ille moralis partis utilitatem, ille rerum motus
causasque cognoverat. ita est enim, optimi viri, ita: ex 5
multa eruditione et plurimis artibus et omnium rerum
scientia exundat et exuberat illa admirabilis eloquentia;
neque oratoris vis et facultas sicut ceterarum rerum
angustis et brevibus terminis cluditur, sed is est orator,
qui de omni quaestione pulchre et ornate et ad persua-
dendum apte dicere pro dignitate rerum, ad utilitatem
temporum, cum voluptate audientium possit.

31. Hoc sibi illi veteres persuaserant, ad hoc efficien- 1
dum intellegebant opus esse non ut in rhetorum scholis
declamarent nec ut fictis nec ullo modo ad veritatem
accedentibus controversiis linguam modo et vocem exer-
cerent, sed ut iis artibus pectus implerent, in quibus de
bonis ac malis, de honesto et turpi, de iusto et iniusto
disputatur; haec enim est oratori subiecta ad dicendum
materia. nam in iudiciis fere de aequitate, in delibera- 2
tionibus ⟨de utilitate, in laudationibus⟩ de honestate dis-
serimus, ita ⟨tamen⟩ ut plerumque haec ipsa in vicem
misceantur: de quibus copiose et varie et ornate nemo
dicere potest, nisi qui cognovit naturam humanam et vim
virtutum pravitatemque vitiorum et intellectum eorum,
quae nec in virtutibus nec in vitiis numerantur. ex his 3
fontibus etiam illa profluunt, ut facilius iram iudicis vel
instiget vel leniat, qui scit quid ira, et promptius ad

4 artis ingenuae X || **5. 6** iste *ter* X, *sed corr.* b² || **9** ista X || **10** ceter⟨ae artes, cert⟩arum *Andr., haud probabiliter* || **11** clauditur E || **15** hec (*ante* sibi) B hęc bC || **18** exercerent bE exercent *rell.* || **19** ut *Put.:* ut in | iis c his XE hiis C || **20** et malis C || **21** est enim YE | ad dicendum subiecta E || **23** de util. in laudat. *suppl. Urs.* || **24** tamen *add. Acid.* (⟨sed⟩ ita *coni. idem*) | ipsa *om.* X || **27** habet *add. Schopen post* intellectum, *post* et *alii* || **28** neque . . . neque cE nec . . . neque C | in *ante* vitiis *om.* X || **29** ista X, *corr.* b² || **30** ira et *F. Jacob:* irae bc ire BE ira C (⟨sit⟩ ira *Lips.*) | ad cE et XC

miserationem impellat, qui scit quid sit misericordia et
4 quibus animi motibus concitetur. in his artibus exercita-
tionibusque versatus orator, sive apud infestos sive apud
cupidos sive apud invidentes sive apud tristes sive apud
timentes dicendum habuerit, tenebit venas animorum et,
prout cuiusque natura postulabit, adhibebit manum et
temperabit orationem, parato omni instrumento et ad
5 omnem usum reposito. sunt apud quos adstrictum et
collectum et singula statim argumenta concludens di-
cendi genus plus fidei meretur: apud hos dedisse operam
dialecticae proficiet. alios fusa et aequalis et ex commu-
nibus ducta sensibus oratio magis delectat: ad hos per-
movendos mutuabimur a Peripateticis aptos et in omnem
6 disputationem paratos iam locos. dabunt Academici
pugnacitatem, Plato altitudinem, Xenophon iucundita-
tem; ne Epicuri quidem et Metrodori honestas quasdam
exclamationes assumere iisque, prout res poscit, uti
7 alienum erit oratori. neque enim sapientem informamus
neque Stoicorum comitem, sed eum qui quasdam artes
haurire, omnes libare debet. ideoque et iuris civilis
scientiam veteres oratores comprehendebant et gramma-
8 tica musica geometria imbuebantur. incidunt enim cau-
sae, plurimae quidem ac paene omnes, quibus iuris no-
titia desideratur, plerumque autem, in quibus haec quo-
que scientia requiritur.

1 32. Nec quisquam respondeat sufficere, ut ad tempus
simplex quiddam et uniforme doceamur. primum enim
aliter utimur propriis, aliter commodatis, longeque

3 uersatur || **6** cuiusque ⟨causae⟩ natura *Andr.* | postulauerit cE || **7** omnem orationem X, *sed corr.* b || **10** fidei *Put.:* fidem || **11** aequa⟨bi⟩lis *Andr.* || **12** promouendos X commouendos C || **13** apertos C || **17** poscet *Pith.* || **19** nec cE | comitem *V. coll. Plin. N. H. praef. § 22:* citem (u suprascr.) B artē b ciuitatem YE *et* b² *in marg.* (civem *Doed.*) || **20** haurire *Lips.:* audire | libare *Bekker:* liberaliter (libare pariter *Koest.*) | civilis *om.* b || **21** grammatice musice et geometrie (-ice *vel* -icę YE *et corr.* X), *em. Rhen.*, et *del. Wesenberg* || **23** plurimae . . . desideratur *et* autem *v. 24 del. Schöne* | ⟨in⟩ quibus *Meiser, sed cf. Sörb., Var. serm. Tac. p. 49 et 81* || **24** pleraeque b², *ut vid., vulgo* | quoque *om.* X || **26** sufficeret || **27** enim *Rhen.:* autem

interesse manifestum est, possideat quis quae profert an
mutuetur. deinde ipsa multarum artium scientia etiam
aliud agentes nos ornat atque ubi minime credas emi-
net et excellit. idque non doctus modo et prudens audi- 2
tor, sed etiam populus intellegit ac statim ita laude pro-
sequitur, ut legitime studuisse, ut per omnes eloquentiae
numeros isse, ut denique oratorem esse fateatur; quem
non posse aliter existere nec extitisse umquam confirmo
nisi eum, qui tamquam in aciem omnibus armis in-
structus, sic in forum omnibus artibus armatus exierit.
quod adeo neglegitur ab horum temporum disertis, ut 3
in actionibus eorum ⟨hu⟩ius quoque cotidiani sermonis
foeda ac pudenda vitia deprehendantur; ut ignorent
leges, non teneant senatus consulta, ius civitatis ultro
derideant, sapientiae vero studium et praecepta pruden-
tium penitus reformident. in paucissimos sensus et an- 4
gustas sententias detrudunt eloquentiam velut expulsam
regno suo, ut quae olim omnium artium domina pul-
cherrimo comitatu pectora implebat, nunc circumcisa et
amputata, sine apparatu, sine honore, paene dixerim
sine ingenuitate, quasi una ex sordidissimis artificiis
discatur. ego hanc primam et praecipuam causam ar- 5
bitror, cur in tantum ab eloquentia antiquorum oratorum
recesserimus. si testes desiderantur, quos potiores nomi-
nabo quam apud Graecos Demosthenem, quem studiosis-
simum Platonis auditorem fuisse memoriae proditum
est? et Cicero his, ut opinor, verbis refert, quicquid in 6
eloquentia effecerit, id se non rhetorum ⟨officinis⟩, sed
Academiae spatiis consecutum. sunt aliae causae, ma- 7
gnae et graves, quas a vobis aperiri aequum est, quon-
iam quidem ego iam meum munus explevi et, quod

5 ita] iam b || 6 ut (*ante* legit.) B *corr.* aut *rell.* || 7 isse c isse et XC isset E || 8 alium *Andr.* | neque cE || 12 ⟨hu⟩ius quoque *Halm:* ius (*vel* uis) quoque (ius *e v. 14 falso repetitum esse suspicor*) || 14 non YE nec X | ⟨suae⟩ civitatis *Gud.*, ⟨huius⟩ civ. *Peterson* || 17 detrudunt C detrudant *rell.* || 22 ego X ergo YE | arbitror cur *Put.:* arbitratur BE arbitratus b arbitror Y || 24 recessimus b || 28 non ⟨in⟩ *Acid.* | officinis *suppl. Haase ex Cic. or. 12 prob. Güngerich*, scholis *Baehr. ex Quint. inst. 12, 2, 23* || 30 a *add.* b *vel* b^2 *om. rell.*

mihi in consuetudine est, satis multos offendi, quos, si
forte haec audierint, certum habeo dicturos me, dum
iuris et philosophiae scientiam tamquam oratori necessariam laudo, ineptiis meis plausisse.'
1 33. Et Maternus 'mihi quidem' inquit 'susceptum a
te munus adeo peregisse nondum videris, ut inchoasse
tantum et velut vestigia ac liniamenta quaedam osten-
2 disse videaris. nam quibus ⟨artibus⟩ instrui veteres oratores soliti sint, dixisti differentiamque nostrae desidiae
et ⟨in⟩scientiae adversus acerrima et fecundissima eorum
studia demonstrasti: cetera exspecto, ut quem ad modum
ex te didici, quid aut illi scierint aut nos nesciamus, ita
hoc quoque cognoscam, quibus exercitationibus iuvenes
iam et forum ingressuri confirmare et alere ingenia sua
3 soliti sint. neque enim solum arte et scientia, sed longe
magis facultate et ⟨usu⟩ eloquentiam contineri nec tu
puto abnues et hi significare vultu videntur.'
4 Deinde cum Aper quoque et Secundus idem adnuissent,
Messalla quasi rursus incipiens: 'quoniam initia et semina veteris eloquentiae satis demonstrasse videor docendo, quibus artibus antiqui oratores institui erudirique
5 soliti sint, persequar nunc exercitationes eorum. quamquam ipsis artibus inest exercitatio, nec quisquam percipere tot tam reconditas, tam varias res potest, nisi ut
scientiae meditatio, meditationi facultas, facultati usus
eloquentiae accedat. per quae colligitur eandem esse
rationem et percipiendi quae proferas et proferendi quae
6 perceperis. sed si cui obscuriora haec videntur isque

1 quos *Pith.:* quod || **2** audiuerint b || **6** incohasse Bc || **8** artibus *add. Schopen* (rebus *Gud.*) || **10** scientiae, *em. Rhen. (cf. Andr., WS. f. kl. Phil. 1915, 623)* || **12** quid XC quod cE | scirent, *em. Schurzfl.* || **14** et iam *Ern.* | ingressi Y | conformare *Corn.* || **15** solum *Dronke:* dum (tantum *Ritt.*) | inscientia XE || **16** usu *add. Tyrwhitt* ([et] *Put.*) | eloquentia, *em. Rhen.* || **17** hi *idem:* ii || **18** item E || **20** uideor *corr.* b uidetur XYE || **22** persequar *corr.* b persequor XYE || **24** tam reconditas *Mur.:* aut reconditas XY reconditas aut b^2 et ... aut reconditas E (tam reconditas aut varias *Baehr.*, tam var. ac recond. *Gud.*) || **25** usus *Acid.:* uis || **26** [eloquentiae] *Sauppe, incertum an recte* || **28** percipis X

scientiam ab exercitatione separat, illud certe concedet, instructum et plenum his artibus animum longe paratiorem ad eas exercitationes venturum, quae propriae esse oratorum videntur.

34. Ergo apud maiores nostros iuvenis ille, qui foro 1
et eloquentiae parabatur imbutus iam domestica disciplina, refertus honestis studiis deducebatur a patre
vel a propinquis ad eum oratorem, qui principem in
civitate locum obtinebat. hunc sectari, hunc prosequi, 2
huius omnibus dictionibus interesse sive in iudiciis
sive in contionibus adsuescebat, ita ut altercationes
quoque exciperet et iurgiis interesset utque sic dixerim,
pugnare in proelio disceret. magnus ex hoc usus, 3
multum constantiae, plurimum iudicii iuvenibus statim
contingebat, in media luce studentibus atque inter
ipsa discrimina, ubi nemo impune stulte aliquid aut
contrarie dicit, quominus et iudex respuat et adversarius
exprobret, ipsi denique advocati aspernentur. igitur vera 4
statim et incorrupta eloquentia imbuebantur; et quamquam unum sequerentur, tamen omnes eiusdem aetatis
patronos in plurimis et causis et iudiciis cognoscebant;
habebantque ipsius populi diversissimarum aurium
copiam, ex qua facile deprehenderent, quid in quoque vel
probaretur vel displiceret. ita nec praeceptor deerat, 5
optimus quidem et electissimus, qui faciem eloquentiae, non imaginem praestaret, nec adversarii et aemuli ferro, non rudibus dimicantes, nec auditorium semper plenum, semper novum ex invidis et faventibus, ut nec bene ⟨nec male⟩ dicta dissimularentur. scitis enim magnam illam et duraturam eloquentiae famam non minus in diversis

1 illud cEb² istud X id C || 2 paratiorem *Lips.:* paratū b pate B parate CE aperte c || 4 esse oratorum *Agr.:* et ornaturum XC et ornatorum c ^{ex}ornaturum E circa oratorium b² *in marg.* || 12 excipere . . . interesse, *em. Bekker* || 13 magnos *libri, sed* b *corr.* || 14 multumque b, *sed* que *del.* b² || 22 populi et E || 23 ex quo *Meiser* || 27 rudibus *P. Faber:* sudibus | nec *Schele:* sed | s. nouum, s. plenum c || 28 bene] breuiter c | nec male *hic add. Pith., post* ut *Agr.* | ut nec bene dicta ⟨ignorarentur nec male⟩ dicta dissimularentur *Sauppe, haud probabiliter* || 29 dissimularentur b dissimularent *rell.*

subselliis parari quam suis; inde quin immo constan-
6 tius surgere, ibi fidelius corroborari. atque hercule sub
eius modi praeceptoribus iuvenis ille, de quo loquimur,
oratorum discipulus, fori auditor, sectator iudiciorum,
eruditus et assuefactus alienis experimentis, cui cotidie
audienti notae leges, non novi iudicum vultus, frequens
in oculis consuetudo contionum, saepe cognitae populi
aures, sive accusationem susceperat sive defensionem,
7 solus statim et unus cuicumque causae par erat. nono
decimo aetatis anno L. Crassus C. Carbonem, uno et
vicesimo Caesar Dolabellam, altero et vicesimo Asinius
Pollio C. Catonem, non multum aetate antecedens Cal-
vus Vatinium iis orationibus insecuti sunt, quas hodie-
que cum admiratione legimus.

1 35. At nunc adulescentuli nostri deducuntur in scholas
istorum, qui rhetores vocantur, quos paulo ante Cice-
ronis tempora extitisse nec placuisse maioribus nostris
ex eo manifestum est, quod a Crasso et Domitio censo-
ribus cludere, ut ait Cicero, ludum impudentiae
2 iussi sunt. sed ut dicere institueram, deducuntur in
scholas, quibus non facile dixerim utrumne locus ipse,
an condiscipuli an genus studiorum plus mali ingeniis
3 afferant. nam in loco nihil reverentiae est, in quem nemo
nisi aeque imperitus intrat; in condiscipulis nihil pro-
fectus, cum pueri inter pueros et adulescentuli inter
adulescentulos pari securitate et dicant et audiantur;
ipsae vero exercitationes magna ex parte contrariae.
4 nempe enim duo genera materiarum apud rhetoras trac-
tantur, suasoriae et controversiae. ex his suasoriae
quidem tamquam plane leviores et minus prudentiae ex-

1 ⟨in⟩ suis *Andr., sed cf. Sörb., Var. serm. Tac. p. 49* || **9** nono decimo] uno et vicesimo *Nipp.* || **10** uno] tertio *Pich.* || **13** his E | hodie quoque X || **15** scholas istorum *Haupt (cf. v. 21):* seni (se in cE sem C scenam b, *sed* cenam b^2 *in litura*) scholasticorum || **18** a *Mich.:* M. | Crasso] Claudio X, *sed corr.* || **19** claudere CE || **21** in *ante* quibus *add. Schurzfl.* || **23** adferat *Gud.* | est (*vel* scilicet) *Acid.:* sed || **24** intret *Nipp.* || **26** securitate audiantur et dicant E, *sed verba transposuit* || **28** rhetores bC || **29** iis c || **30** quidem b^2, *ut vid.* quid et si XE quod etsi C quidem etsi c, *quod tuentur V. et John*

igentes pueris delegantur, controversiae robustioribus
assignantur, quales, per fidem, et quam incredibiliter
compositae! sequitur autem, ut materiae abhorrenti a
veritate declamatio quoque adhibeatur. sic fit ut tyranni- 5
cidarum praemia aut vitiatarum electiones aut pestilen-
tiae remedia aut incesta matrum aut quicquid in schola
cotidie agitur, in foro vel raro vel numquam, ingentibus
verbis prosequantur: cum ad veros iudices ventum * * *

36. * * * rem cogitare, nihil abiectum, nihil humile 1
eloqui poterat. magna eloquentia, sicut flamma, materia
alitur et motibus excitatur et urendo clarescit. eadem
ratio in nostra quoque civitate antiquorum eloquentiam
provexit. nam etsi horum quoque temporum oratores ea 2
consecuti sunt, quae composita et quieta et beata re pu-
blica tribui fas erat, tamen illa perturbatione ac licentia
plura sibi assequi videbantur, cum mixtis omnibus et
moderatore uno carentibus tantum quisque orator sa-
peret, quantum erranti populo persuaderi poterat. hinc 3
leges assiduae et populare nomen, hinc contiones magi-
stratuum paene pernoctantium in rostris, hinc accu-
sationes potentium reorum et assignatae etiam domibus
inimicitiae, hinc procerum factiones et assidua senatus
adversus plebem certamina. quae singula etsi distrahe- 4
bant rem publicam, exercebant tamen illorum temporum
eloquentiam et magnis cumulare praemiis videbantur,
quia quanto quisque plus dicendo poterat, tanto facilius
honores assequebatur, tanto magis in ipsis honoribus
collegas suos anteibat, tanto plus apud principes gratiae,
plus auctoritatis apud patres, plus notitiae ac nominis

1 delegantur b[2] deleguntur *libri* || **2** perfidie X || **4** *post* quoque *alii aliud suppleverunt, velut* similis, par, eadem, vana || **5** ac uitiatarum aut E || **6** quicquid ⟨aliud⟩ *Andr.* || **8** prosequantur *Wolff:* prosequuntur XEc *et cod. Hersf. teste Dec.* prosequimur C persequantur *Put.* | ventum] 'post haec deficiunt sex folia' *Dec.*, 'hic desunt sex pagellae' B *in marg. ac similiter* b *et* E, *in* Y *lacuna est* || **9** cogitare YE *et Dec.* cogitant X (cogitaret *Halm*) | nihil ... nihil YE *et Dec.* nihil ... uel X | abiectum ... humile *Dec.:* humile ... abiectum *libri* || **18** persuadere *Heum.* || **21** reorum b rerum BYE, *sed in* c *corr. m. post.* || **25** stimulare *Corn. coll. c. 37, 1* || **27** quanto E

5 apud plebem parabat. hi clientelis etiam exterarum na-
tionum redundabant, hos ituri in provincias magistratus
reverebantur, hos reversi colebant, hos et praeturae et
consulatus vocare ultro videbantur, hi ne privati quidem
sine potestate erant, cum et populum et senatum consilio
6 et auctoritate regerent. quin immo sibi ipsi persuaserant
neminem sine eloquentia aut assequi posse in civitate
7 aut tueri conspicuum et eminentem locum. nec mirum,
cum etiam inviti ad populum producerentur, cum parum
esset in senatu breviter censere, nisi quis ingenio et
eloquentia sententiam suam tueretur, cum in aliquam
invidiam aut crimen vocati sua voce respondendum ha-
berent, cum testimonia quoque in ⟨iudiciis⟩ publicis non
absentes nec per tabellam dare, sed coram et praesentes
8 dicere cogerentur. ita ad summa eloquentiae praemia
magna etiam necessitas accedebat, et quo modo disertum
haberi pulchrum et gloriosum, sic contra mutum et elin-
guem videri deforme habebatur.

1 37. Ergo non minus rubore quam praemiis stimulaban-
tur, ne clientulorum loco potius quam patronorum nu-
merarentur, ne traditae a maioribus necessitudines ad
alios transirent, ne tamquam inertes et non suffecturi
honoribus aut non impetrarent aut impetratos male
2 tuerentur. nescio an venerint in manus vestras haec
vetera, quae et in antiqu⟨ari⟩orum bibliothecis adhuc
manent et cum maxime a Muciano contrahuntur, ac iam
undecim, ut opinor, Actorum libris et tribus Epistu-
3 larum composita et edita sunt. ex his intellegi potest
Cn. Pompeium et M. Crassum non viribus modo et ar-
mis, sed ingenio quoque et oratione valuisse; Lentulos

1 parabat b^2 probabat *libri* || **3** et *ante* praeturae *om.* **C** || **6** cogerent b | ipsi *om.* b || **10** quis *Lips.:* qui || **11** tuerentur b (*vel* b^2) || **12** respondere b^2 || **13** iudiciis *hic add. Cuiacius, post* publicis *Agr.* || **16** quo modo . . . sic *Acid.:* commoda . . . sed || **19** stipulabantur (stipulabatur **C**), *em. Rhen.* || **20** loco *om.* **EV**, *unde id vocabulum post* patronorum *ponendum esse coniecit Andr., ubi in* **V** *lacuna est* || **22** transissent, *em. Lips.* || **23** honores *Schopen aliique* || **25** et *om.* **C** | in *ante* antiq. *om.* b | antiqu⟨ari⟩orum *Schurzfl.:* antiquorum || **26** et nunc b^2 || **28** iis c

et Metellos et Lucullos et Curiones et ceteram procerum
manum multum in his studiis operae curaeque posuisse,
nec quemquam illis temporibus magnam potentiam sine
aliqua eloquentia consecutum. his accedebat splendor 4
reorum et magnitudo causarum, quae et ipsa plurimum
eloquentiae praestant. nam multum interest, utrumne de
furto aut formula et interdicto dicendum habeas, an de
ambitu comitiorum, de expilatis sociis et civibus truci-
datis. quae mala sicut non accidere melius est isque opti- 5
mus civitatis status habendus est, in quo nihil tale pati-
mur, ita cum acciderent, ingentem eloquentiae materiam
subministrabant. crescit enim cum amplitudine rerum
vis ingenii, nec quisquam claram et illustrem orationem
efficere potest nisi qui causam parem invenit. non, opi- 6
nor, Demosthenem orationes illustrant, quas adversus
tutores suos composuit, nec Ciceronem magnum ora-
torem P. Quinctius defensus aut Licinius Archias faciunt:
Catilina et Milo et Verres et Antonius hanc illi famam
circumdederunt; non quia tanti fu⟨er⟩it rei publicae ma-
los ferre cives, ut uberem ad dicendum materiam ora-
tores haberent, sed, ut subinde admoneo, quaestionis me-
minerimus sciamusque nos de ea re loqui, quae facilius
turbidis et inquietis temporibus existit. quis ignorat 7
utilius ac melius esse frui pace quam bello vexari?
plures tamen bonos proeliatores bella quam pax ferunt.
similis eloquentiae condicio. nam quo saepius steterit 8
tamquam in acie quoque plures et intulerit ictus et exce-
perit quoque maiores adversarios acrioresque pugnas
sibi ipsa desumpserit, tanto altior et excelsior et illis

1 Metellos et **Yb**[2] Metellos sed et **XE** sed et **b** *in marg., quod del.* **b**[2] || **4** accedat **Y** || **5** curarum **X**, *sed corr.* **b**[2] || **6** praestabant **B**, *corr. ead. m.* || **8** de expilatis **Y** expilatis **XE** aut expilatis *Gud., haud probabiliter* | civibus *Put.:* comitibus || **10** habendus est **X** habendus **cE** est habendus **C** || **19** fu⟨er⟩it *A. F. Nissen:* fuit | rei publicae *Heum.:* r. p. **b** rēpub[ca] **B** rem p. **YE** || **22** nos *om.* **b** || **23** existit *cod. Vat. 2964* (*sed mut. in* extitit) extitit *rell.* || **26** quo ⟨quis⟩ saepius *Mich.* || **28** quoque **b** quo *rell.* | maiores adversarios acrioresque pugnas sibi ipsa *Böttichen:* maior adversarius et (eo **YE**, est et *Ritt.*) acrior qui (per **c**) pugnas sibi ipsas (ipse **b**) nobilitata ⟨dis⟩criminibus in ore hominum agit, quorum ea natura est, ut securi ⟨ipsi spectare aliena pericula⟩ velint.

1 38. Transeo ad formam et consuetudinem veterum iu-
diciorum. quae etsi nunc aptior est veritati, eloquentiam
tamen illud forum magis exercebat, in quo nemo intra
paucissimas horas perorare cogebatur et liberae com-
perendinationes erant et modum dicendo sibi quisque
sumebat et numerus neque dierum neque patronorum
2 finiebatur. primus haec tertio consulatu Cn. Pompeius
astrinxit imposuitque veluti frenos eloquentiae, ita
tamen ut omnia in foro, omnia legibus, omnia apud praetores gererentur; apud quos quanto maiora negotia olim exerceri solita sint, quod maius argumentum est quam quod causae centumvirales, quae nunc primum obtinent locum, adeo splendore aliorum iudiciorum obruebantur, ut neque Ciceronis neque Caesaris neque Bruti neque Caelii neque Calvi, non denique ullius magni oratoris liber apud centumviros dictus legatur, exceptis orationibus Asinii, quae pro heredibus Urbiniae inscribuntur, ab ipso tamen Pollione mediis divi Augusti temporibus habitae, postquam longa temporum quies et continuum populi otium et assidua senatus tranquillitas et maxima principis disciplina ipsam quoque eloquentiam sicut omnia depacaverat.

1 nobilitata *Latinius:* nobilitatus (-tis **b**, *sed corr.* -te **C**) *libri, cf. Halm Mus. Rhen. 28, 501* | criminibus, *em. Lips.* || **2** securi ⟨ipsi⟩ *Baehr.:* secura | spectare a. pericula *suppl. V.*, aliorum cernere pericula *Baehr.* (ut secura nolint *Rhen.*, ut secura velint ⟨periculosa mirentur⟩ *Gud. et John*) || **5** est veritati *Agr. incerta coniectura:* est ita erit **Xc** est ita [est] erit **C** est . . . **E** (est [ita erit] *Dronke*, extiterit *Walther prob. Buechner*) | eloquentia, *em. Agr.* || **7** paucissimas horas **Δ** paucissimas horas s. **c** paucissimas$^{\text{.s.horas}}$ **B** paucissimas **bC** paucissim$\overset{o}{a}$s **E** (paucissimas perorare horas *Halm*) || **8** dicendo **bYE** *probantibus John et Persson* dicendi **B**, *vulgo* (⟨in⟩ dicendo *Gud.*) || **10** hic **X** || **16** aliquorum **X** || **20** Urbiniae *Lips.:* urbine **b** Vruie **BE** Vriuę **Y** || **21** scribuntur **E** || **24** maximi **YE** maxime *Haase* || **25** onia depacaverat **B** omnia dep$\overset{u}{a}$raverat **b** omnia alia pacaverat **Y** alia omnia pacaverat **E** *probante Furneaux*

39. Parvum et ridiculum fortasse vide⟨bi⟩tur quod 1
dicturus sum, dicam tamen, vel ideo ut rideatur. quantum humilitatis putamus eloquentiae attulisse paenulas istas, quibus astricti et velut inclusi cum iudicibus fabulamur? quantum virium detraxisse orationi auditoria et tabularia credimus, in quibus iam fere plurimae
causae explicantur? nam quo modo nobiles equos cur- 2
sus et spatia probant, sic est aliquis oratorum campus, per quem nisi liberi et soluti ferantur, delibitatur ac
frangitur eloquentia. ipsam quin immo curam et diligen- 3
tis stili anxietatem contrariam experimur, quia saepe interrogat iudex, quando incipias, et ex interrogatione eius incipiendum est, frequenter probationibus et testibus silentium [patronus] indicit. unus inter haec dicenti
aut alter assistit, et res velut in solitudine agitur. oratori 4
autem clamore plausuque opus est et velut quodam theatro; qualia cotidie antiquis oratoribus contingebant, cum tot pariter ac tam nobiles forum coartarent, cum clientelae quoque ac tribus et municipiorum etiam legationes ac pars Italiae periclitantibus assisteret, cum in plerisque iudiciis crederet populus Romanus sua
interesse quid iudicaretur. satis constat C. Cornelium et 5
M. Scaurum et T. Milonem et L. Bestiam et P. Vatinium consursu totius civitatis et accusatos et defensos, ut frigidissimos quoque oratores ipsa certantis populi studia excitare et incendere potuerint. itaque hercule eius modi libri extant, ut ipsi quoque qui egerunt non aliis magis orationibus censeantur.

40. Iam vero contiones assiduae et datum ius potentis- 1
simum quemque vexandi atque ipsa inimicitiarum gloria, cum se plurimi disertorum ne a P. quidem Scipione aut Sulla aut Cn. Pompeio abstinerent et ad incessendos

1 vide⟨bi⟩tur *Urs.:* videtur (videatur *Or.*) || **2** ridear **X** || **12** quando *Put.:* $\overset{\text{quam}}{\text{quando}}$ **X** quam quando **Y** (*in* **c** s. cãm [*i. e.* causam] *s. l. add. m. post.*) quam **E** | $\overset{\text{s. causam}}{\text{incipias}}$ **B** (causam quando incipias *Bekker*) || **14** patronus *secl. Ritt.*, protinus *Nolte*, praetor *Or.; post* alter *colloc. E. Wolff* || **19** et] ac **b** || **20** assisterent *Rhen.* || **32** ⟨L.⟩ Sulla *Ritt., vulgo, sed cf. Sörb., Var. serm. Tac. p. 5*

principes viros, ut est natura invidiae, populi quoque ut
histriones auribus uterentur, quantum ardorem ingeniis,
quas oratoribus faces admovebant!
2 Non de otiosa et quieta re loquimur et quae probitate
et modestia gaudeat, sed est magna illa et notabilis elo-
quentia alumna licentiae, quam stulti libertatem vocant,
comes seditionum, effrenati populi incitamentum, sine
obsequio, sine severitate, contumax, temeraria, arro-
gans, quae in bene constitutis civitatibus non oritur.
3 quem enim oratorem Lacedaemonium, quem Cretensem
accepimus? quarum civitatum severissima disciplina et
severissimae leges traduntur. ne Macedonum quidem ac
Persarum aut ullius gentis, quae certo imperio contenta
fuerit, eloquentiam novimus. Rhodii quidam, plurimi
Athenienses oratores extiterunt, apud quos omnia po-
pulus, omnia imperiti, omnia, ut sic dixerim, omnes pot-
4 erant. nostra quoque civitas, donec erravit, donec se
partibus et dissensionibus et discordiis confecit, donec
nulla fuit in foro pax, nulla in senatu concordia, nulla
in iudiciis moderatio, nulla superiorum reverentia,
nullus magistratuum modus, tulit sine dubio valen-
tiorem eloquentiam, sicut indomitus ager habet quas-
dam herbas laetiores. sed nec tanti rei publicae Graccho-
rum eloquentia fuit, ut pateretur et leges, nec bene
famam eloquentiae Cicero tali exitu pensavit.
1 41. Sic quoque quod superest antiquis oratoribus
forum non emendatae nec usque ad votum compositae

1 ut (*post* quoque) *Haase:* et (ceu *Schurzfl.*) | histriones quoque populi auribus (*deleto* et) *Acid.* || **2** auribus] plausibus *Haase* | uterentur] adularentur *Mich.*, ⟨ab⟩uterentur *Birt* || **3** *lacunam post* admovebant *indicavit Heum., probantibus Andr. et Gud., sed cf. K. Keyssner, Betracht. z. Dial., Stuttgart 1936 p. 1sqq.* || **6** vocant *Heum.:* uocabant (vocitant *Hess*) || **8** severitate *det.* seruitute *rell.* || **11** accipimus XE || **12** sanctissimae leges *Schele* | ne C nec *rell.* | ac] aut E || **13** ullius E illius *rell.* || **22** sicut *ed. Aldina a. 1534,* indomitus *Put.:* sicuti domitus || **23** latiores, *em. Rhen.* | tanti *idem:* tuta || **25** famam *Mur.:* formam || **26** antiquis oratoribus forum (horum cE) *libri probante Persson (cf. Krit.-exeget. Bemerk. p. 50sq.):* antiqui o. fori *Sp.*, antiqui oratoribus horum ⟨temporum⟩ *Baehr.* || **27** emendatae *Lips.:* emendare

civitatis argumentum est. quis enim nos advocat nisi aut 2
nocens aut miser? quod municipium in clientelam
nostram venit, nisi quod aut vicinus populus aut dome-
stica discordia agitat? quam provinciam tuemur nisi
spoliatam vexatamque? atqui melius fuisset non queri
quam vindicari. quod si inveniretur aliqua civitas, in 3
qua nemo peccaret, supervacuus esset inter innocentes
orator sicut inter sanos medicus. quo modo tamen mini-
mum usus minimumque profectus ars medentis habet in
iis gentibus, quae firmissima valitudine ac saluberrimis
corporibus utuntur, sic minor oratorum honor obscu-
riorque gloria est inter bonos mores et in obsequium
regentis paratos. quid enim opus est longis in senatu 4
sententiis, cum optimi cito consentiant? quid multis
apud populum contionibus, cum de re publica non im-
periti et multi deliberent, sed sapientissimus et unus?
quid voluntariis accusationibus, cum tam raro et tam
parce peccetur? quid invidiosis et excedentibus modum
defensionibus, cum clementia cognoscentis obviam
periclitantibus eat? credite, optimi et in quantum opus 5
est disertissimi viri, si aut vos prioribus saeculis aut
illi, quos miramur, his nati essent, ac deus aliquis vitas
ac [vestra] tempora repente mutasset, nec vobis summa
illa laus et gloria in eloquentia neque illis modus et
temperamentum defuisset: nunc, quoniam nemo eodem
tempore assequi potest magnam famam et magnam
quietem, bono saeculi sui quisque citra obtrectationem
alterius utatur.'

42. Finierat Maternus, cum Messalla: 'erant quibus 1
contra dicerem, erant de quibus plura dici vellem, nisi

1 quis enim cE (quis enim) Quidem quod nemo B quid enim quod nemo b quis enim quidem quod nemo C || **2** clientelam *Pith.:* ciuitatem || **8** tamen YE inde X (enim *Heum.*, autem *Mich.*) || **10** his EC || **11** honor *Or.:* horum, *del. Rhen.* | obscurior cE || **14** optima, *em. Rhen.* || **21** aut (*post* saeculis)] et *Wagener et Gud.* || **22** illi *Halm:* isti | ac deus] aut deus Δ, *ut coniecit Wagener* | uitas et E || **23** [vestra] *Halm* (vitas vestras ac tempora *Bekker*, vitas ac tempora vestra *Haase*) || **28** *post* utatur *in* c *sunt viginti fere puncta, quasi lacuna indicetur*

iam dies esset exactus.' 'fiet' inquit Maternus 'postea arbitratu tuo, et si qua tibi obscura in hoc meo sermone
2 visa sunt, de iis rursus conferemus.' ac simul assurgens et Aprum complexus 'ego' inquit 'te poetis, Messalla autem antiquariis criminabimur.' 'at ego vos rhetoribus et scholasticis' inquit.

Cum adrisissent, discessimus.

3 his CE || 5 autem *Weiss.*: cum (*om. Put.*)

Ego tantum repperi et meliusculum feci. CORNELI TACITI DE ORATORIBVS EXPLICIT FELICITER B, FINIT FINIT FINIT b, τελως c, CORNELII TACITI DE ORATOR. DIALOG EXPL. E

INDEX NOMINVM

1. GERMANIA

2. AGRICOLA

3. DIALOGVS